U0190213

DINGSE

FENLEI

XISHUAI

PU

定色

分类蟋蟀

谱

白峰—著

GUANGXI NORMAL UNIVERSITY PRESS

广西师范大学出版社

－桂林－

图书在版编目（CIP）数据

定色分类蟋蟀谱 / 白峰著. —桂林：广西师范大学
出版社，2018.8

ISBN 978-7-5598-0883-7

Ⅰ．①定… Ⅱ．①白… Ⅲ．①蟋蟀－基本知识
Ⅳ．①Q969.26

中国版本图书馆 CIP 数据核字（2018）第 102221 号

广西师范大学出版社出版发行

（广西桂林市五里店路 9 号　邮政编码：541004　）
网址：http://www.bbtpress.com

出版人：张艺兵

全国新华书店经销

湖南省众鑫印务有限公司印刷

（长沙县榔梨镇保家村　邮政编码：410000）

开本：889 mm × 1 194 mm　1/32

印张：7.625　　字数：235 千字

2018 年 8 月第 1 版　　2018 年 8 月第 1 次印刷

印数：0 001~6 000 册　　定价：59.00 元

如发现印装质量问题，影响阅读，请与出版社发行部门联系调换。

（民国）陈摩《扁豆花开蟋蟀鸣》

序

斗蟋的定色分类命名源于有系统地理性鉴别蟋蟀的愿望，寻找规律，鉴别生相何类的斗虫善斗，生相何类的斗虫不善斗。数百年来养虫、斗虫实践得出的认识，经年积累，由初始的几十种分类命名，到清代时已增至百余种。因初始的蟋蟀谱《秋虫谱》系孤本，后世许多人未能获见，所以后来撰谱者，多以个人的认知续谱分类，未能达成一以贯之的原则，各执己见，造成了"定色分类命名"这个课题的混乱。谱系的混乱导致了玩家认知的混乱，同一条虫，有时候不同玩家会有不同的认识，虽然也都说不出太多道理，但相互不服，各执己见。这种局面不利于虫友交流，不利于传承传统蟋蟀文化，也不利于认知的深入发展。

由于斗蟋的交配随机性很强，并无同色类相配的情形，所以间色虫多于正色虫，这就给斗蟋的分类命名增添了更多的难题。玩家们能见到的虫谱，撰者不同、时代不同，各司其理、各持其法，后人传承中便有了不同的定色分类法，甚至有些玩了一辈子虫的人，面对一条虫，竟不敢说这是条什么虫，含糊其词，完全没有自信。这和传统社会出版业不发达、信息传播能力有限有关。回忆我最初玩虫的时候，我的老师刘冠三先生在民国时期已属于济南地区有数的大蛩家了，他手中也不过有三种古谱，一种是带图的，今日想来大约是《鼎新图像虫经》；一种是部头很大的一个谱，当为《虮孙鉴》或是李大翀的《蟋蟀谱》；再一种就是济南当地的虫谱——曹家骏的《秋虫志异》。那时候手上有蟋蟀谱的人很少，老先生视若珍宝，轻易不肯示人。我随刘冠三先生玩虫多年，曾手工抄录过《秋虫志异》的部分内容，这已是另眼相看、格外优厚的待遇了。

当今社会出版业昌明，尤其王世襄先生纂辑《蟋蟀谱集成》，功莫大焉，使今人得以一睹古代蟋蟀谱之大略，有些问题也才得以浮出水面，有了得以解决的可能。但真能潜心研究者少，纵观近几十年出版的当代蟋蟀谱，各家的经验都有各家的长处，但在定色分类命名问题上众口一词，都能信服的谱还是没有，仍是各依所传、各执己见。其实最早的虫谱《秋虫谱》已明确地规范了识别的要点，就是以斗蟋脑盖上的斗丝色区分色类。而其后的清谱则有以虫体色分类的论述，且流布很广，成为很多虫家的定见，由始乱至混乱延续数百年，致使玩家莫衷一是。这种局面想寻出正见，也非易事。

白峰君随我玩虫多年，属于有文化、有追求的后辈人物，好读书，读书量大，举凡哲学、史学、文学，乃至天文、地理等，皆有所涉猎，所学博杂而有见地，对社会问题、文化问题也常有独立的见解而不盲从成见。这可能和他的成长经历有着某种关系。白峰出生于 20 世纪 60 年代初期，童年时生活在"文革"后期，在从少年到青年这个思想成形的关键时期，恰好赶上了拨乱反正、思想解放的大变革时代。那时候，破除个人崇拜、关于真理标准问题的大讨论，在压抑了多年的社会上引发了思想文化热潮。经历了这样的时代，不盲从，不迷信权威，不屈从权势，对待问题求真、求实，勇于探索，作风扎实，或许已经融入了他的基本价值观和行事方式中。王世襄、肖舟、李金法诸先生也都对白峰称赞有加、另眼相看。

也正是由于有这样的文化功底和学术背景，白峰和一般爱好玩虫的人有些不大一样。他玩虫时间其实不长，在我身边的诸多晚辈弟子、虫友当中，他提问题是最多的，既能虚心求教，也常常质疑某些看似不可置疑的定论，遇问题喜欢刨根问底，必找出问题背后的根源。从我们认识到现在一二十年间，他的赏虫水平进境飞快，这和他长于思考、深具文化底蕴是分不开的。就蟋蟀古谱而言，现代年轻人肯认真读谱的怕是不多了，白峰属于少数读透了古谱的人，能于字里行间发现古谱未言的意蕴。有此年轻一代重视传统文化习俗并具有开拓精神，我也甚感欣慰，也希望他们这代人能将我们这辈人没来得及解决的诸多问题澄清。每一代人都应当有每一代人的贡献，完全因循传统，则认识不能进步；完全无视传统，则缺乏前进的根基，此为继承与发展的辩证关系。白峰也不负众望，近年来先后出版《中华蛩家斗蟋精要》《蟋蟀古谱评注》《解读蟋蟀》，完成《斗蟋小史》的研究，将科学的方法和中国传统的认知体系并用，多学科交叉，对蟋蟀文化、蟋蟀生态、斗蟋历史有了深层的认识，令人耳目一新；引入了很多新的研究方法，填补了多项空白，在蟋蟀文化研究领域独树一帜，达到了承前启后、开辟新宇的境地。

也正是由于先期做了这些工作和铺垫，白峰对历代蟋蟀谱产生的时代背景、文化背景乃至气候背景，都有了深入的认识和理解。此部《定色分类蟋蟀谱》可谓超越了以往私人撰谱的旧域，乃是将历代蟋蟀谱的流传情况先客观呈现，然后讨论历代谱之正误、得失，分析其背后的原因，得出正见，附以实例，再加说明，所论皆有理有据，不乏真知和洞见；用明确的理论，匡正了斗蟋定色分类命名的法则，使斗蟋的分类命名有了理性的识别法则，兼具研究性和工具书的双重价值。本书应当说是蟋蟀谱中具有开创性的写作体例和著述，是对秋兴文化重要的贡献，使当代人在斗蟋的分类命名方面有了可靠的凭据，这是十多代人未能破解的课题。而白峰的这项工作使之终于有了正确的答案。这项工作看似简单，背后却有着艰辛的付出。更为重要的是，如若不是古谱烂熟于胸，并且有明确的指导思想，居高临下去处理古谱材料，是理不出思路来的。乍看来仅一认知的突破，实则是很了不起的成果。此书必会成为广大秋虫爱好者案头必备之书，当为传世之作。

白峰想做的并不止于此，他的目标是深入破解蟋蟀"值年将军"的课题。那是试图解读自然奥秘的一项工作，但需要先期理顺蟋蟀的分类和性质。此书所作，仍属于打基础的工作，我们也祝愿他早日完成他的新作。

是以为序。

柏良
2017 年 3 月 9 日

儿时，曾记得，呼灯灌穴，敛步随音。满身花影，犹自追寻。携向华堂戏斗，亭台小，笼巧妆全。

（宋）苏汉臣《秋庭婴戏图》（局部）

目录

凡例

一、各色类之下蟋蟀名称一般采用古谱所录虫名，无须改动者，直接以黑体字标出；部分蟋蟀名称古谱所录确有不恰当者，原名以宋体字标出，更正名以黑体字标出。

二、蟋蟀名称之下所录历代歌诀，一般先从出现最早的谱系摘录，随后则将后世演变中较为典型的变化罗列于后，目的是体现出蟋蟀谱的流变过程及历代人的不同认知。少数情况下，为行文方便计，偶有将后代谱歌诀列于首位者，具体原因已在行文中说明。

三、所录历代歌诀及解释，今日仍可采用的歌诀或表述采用黑体字，其他对照性文本则使用仿宋。

四、有关定色分类原则的讨论，蟋蟀匹配及相关问题，即"论"之部分，皆以正文字排出。

五、古谱中只存名目而无歌诀者，或古谱虫名有拆分、挪用、新增等情况，而不具歌诀者，有些仿古谱体例，新拟歌诀附上。有些不是十分必要者，则不再附歌诀。

六、每个品种之后，凡古今蟋蟀谱中能找到的、合乎定色原则的实例，附一二则至数则不等，以便增强形象化认识。实例所标虫名，为原谱所标原名，与本谱所列虫名不符者，皆于所附按语中加以解释和辨析。

七、条目下相关问题之未尽事宜及进一步解释，则以按语附后。

八、偶有易于混淆的虫色和命名，则在"别"文中提及。

总论

（一）问题的由来

    蟋蟀的定色分类是一个很基础的问题，也是困扰虫界已久的问题，这主要来源于古谱在历代传抄、刊布过程中，由于对母本之错讹不断放大，导致了定色分类原则不统一，最终致使定色原则出现逻辑混乱。

    从蟋蟀谱产生的 13 世纪后期至今，蟋蟀谱在我国已有 700 多年的历史，但我们今日能见到的蟋蟀谱最早的版本，却是明嘉靖时期的《重刊订正秋虫谱》（即嘉靖本《秋虫谱》），刊于嘉靖丙午年，即公元 1546 年，距今已有 470 多年了。这个谱是最接近宋谱原貌的一个版本（有关论证可参阅《斗蟋小史》之《宋谱可能的面貌》一节）。《秋虫谱》在定色分类问题上虽也偶有含混之处，但大多出自语言不严谨，而非本意，故而该谱仍基本保持着逻辑上的一致性。此后，蟋蟀谱刊刻较多，但问题也逐渐出现。从明末万历年间之《鼎新图像虫经》和周履靖《促织经》开始，有关定色分类原则就已经出现混乱。但将定色分类命名明显引入歧途的还是金文锦《四生谱·促织经》，此谱刊刻于康熙乙未年，即公元 1715 年。如此乱局，至今日之 2018 年已然 300 年有余矣。

旧时，各地虫友由于师承不同，读到的古谱不同，各有所依，故而讨论虫色定名分类问题时，常常各执己见而不能取得一致性认识。究其实，乃是因为此前虫家尚无机缘通读古谱之故。玩家所见皆不过一两种，能见到三四种经谱者，已属绝大机缘。但没机会通读古谱，尤其是无缘见到嘉靖本《重刊订正秋虫谱》，则很难了解古谱最初的原则及在后世的流变，也很难知道清代以来古谱中的含混之处是如何被逐步放大为充满矛盾的不同体系的。

王世襄先生纂辑《蟋蟀谱集成》实为功德无量之举。如果不是王世襄先生将天一阁藏本之《重刊订正秋虫谱》挖掘出来，我们今日对宋谱的基本面貌很难认定，也很难知道蟋蟀谱创立之初是如何建立分类原则和分类体系的。

相对于我这代人来说，前辈玩家未能窥破蟋蟀定色命名的要旨，并非诸前辈智慧不到，实为此前机缘不到，条件不具备。老一辈蛩家在其观念形成之时，没机缘见到历代蟋蟀谱的全貌。待到王世襄《蟋蟀谱集成》刊布，已是 1993 年的事了，老一代蛩家早已形成固有观念数十年矣。看破难，改变更难。

（二）蟋蟀定色命名流变考

古代蟋蟀定色命名之法，粗略地说，矛盾主要集中在以斗丝定色还是以皮色定色上。细观古谱，可以发现问题的由来，以及在后世如何逐渐放大的。

1. 明嘉靖《重刊订正秋虫谱》

现存传世最早的蟋蟀谱，仍属宁波天一阁所藏明嘉靖本《重刊订正秋虫谱》，此谱获录《中国古籍善本书目》，系孤本。是书申明为重刊，知此前尚有刊本，但不获见。据传为贾似道所辑，疑为伪托。此谱内容应该说最接近宋代原谱，有关论证已收入《斗蟋小史》有关章节，此处不再详述。

此谱与后世的本子相比，非常强调定色的原则，究其原因，盖因当时开斗日期较早之故。南宋笔记《西湖老人繁盛录》记录当时的种种风习，云："促织盛出，都民好养，……每日早晨，多于官巷南北作市，常有三五十火斗者，乡民争捉入城货卖，斗赢三两个，便望卖一两贯钱，若生得大，更会斗，便有一两银卖。每日如此，九月尽，天寒方休。"《四库全书总目提要》云："旧本题西湖老人撰，不著名氏，考书中所言，盖南宋人作也。"当时人写当时事，故此书所述应当可信。从记述的情形看，当时蟋蟀出土后，捉归即斗，至冷而止，完全因乎自然条件。而南宋延至元代是我国历史上商周以来最为寒冷的一个时期。史料中南宋时杭州的终雪期，折算成阳历，一般在 3 月中旬，最晚的甚至在 4 月中旬，此情形与今日京津一带乃至辽东相近；南宋的史料中也有太湖结冰的记录，而且冰面上可以通行马车。可见当时整体气候之寒冷。我国气候总体的特点是夏季普遍高温，冬季南北温差大。这个时期的极寒天气，使南宋时秋季短暂而入寒较早，且冬季较为寒冷是可以想见的。由于各类色品之虫，成熟程度进境不一，有早有迟，故"色盖"现象在寒冷期可能较为明显。我们在《秋虫谱》中可以看到有"白不如黑，黑不如赤，赤不如黄，黄不如青""黑白饶他大，青黄不可欺"等等说法，其《交锋论法》又一次强调"夫合对交锋，必须明察大小，点详颜色；颜色两停，大小无异，方可合对"云云。色品与分量大小被认为是决定胜负的两大关键因素。色品被如此地重视，显然与当时开斗较早的赛制有关，也与蟋蟀玩家此时尚无用暖习惯有关。且不管此时的认识究竟有多大的合理性，但体现出了当时对色品鉴别的重视程度。

《秋虫谱》共著录色品类蟋蟀 27 种，其中：

青虫门 8 种：真青、紫青、黑青、淡青、虾青、蟹青、青麻头、青金翅。

黄虫门 5 种：真黄、红黄、紫黄、淡黄、黄麻头。

紫虫门 6 种：真紫、红头紫、黑紫、淡紫、紫麻头、紫金翅。

红虫门 2 种：纯红、红麻头。

白虫门 3 种：纯白、淡白、白麻头。

黑虫门 3 种：真黑、黑麻头、乌头金翅。

    《重刊订正秋虫谱》的体例，在言及蟋蟀生相时，基本以歌诀处理，颇类古小说对出场人物之诗体"简颂"，这种形式应当是承继于宋代话本的传统。歌诀的长处是较为上口，便于记忆，但缺陷是限于韵语的整齐和句式，对蟋蟀的描述常常语焉不详。后世谱系，其体例沿用歌诀体，又不专门指出定色原则，导致模糊性过大，是为重大弊端和缺陷。但此谱一个显著特点是，于歌诀之外，著者（包括重刊者）以"总论""增释""重辨""解"为题，以白话描述、解释蟋蟀生相特点，举凡 13 条。由这些描述可以知道，此谱是以斗丝色区别青、黄、紫；对于斗丝色相同的，则以头色、皮色、腿色的不同，区别白与青、红与紫，以腿斑和肉色的不同区分黑与青。

    其《青虫总论》云："大都青色之虫，虽有红牙、白牙之分，毕竟以腿、肉白，金翅，青项，白脑线者方是，断无斑腿、黄肉、黄线之青……"其《五色看法重辨》又云："大都青虫便要线肉白，翅金；而黄便要乌牙黄线，遍身如金；紫要头浓、红线、腿斑、肉蜜；白则如冰；黑则如墨；上手了然在目，此真色也。搭配不齐，便属花色。"可知以斗丝色分青、黄、紫，是此谱的一大原则。其次则将腿斑、肉色纳入视线，综合考量，但已属二线条件，在乎是否纯色之别。此谱因为申明了分类原则，故其歌诀中对斗丝多不涉及，而将笔墨旁及其他特点〔涉及丝路色烙者仅 5 例，见诸"淡黄生（增注）""红头紫""紫麻""纯白""黑麻头"〕。

后世谱如清乾隆本《蚟孙鉴》中出现"熟虾青"，遍体皆红，有如熟虾，因其斗丝色白，故列入青虫门，而非红虫门，即是根据此谱定色原则而论的。

肉色是青与黑的分野。因青、黑斗丝俱白，故"黑青"（列于青虫门）歌诀云："黑青翅黑黑如漆，仔细看来无别色。更兼牙肉白如银，名号将军为第一。"而"真黑"（归为黑虫门）为："真黑生来似锭墨，腿肉斑狸项毛黑。"其《黑者解》补充说："此虫肚黑牙红。"其"黑麻头"条云："黑麻头路透银丝，项阔毛燥肉漆之。更若翅乌牙赤紫，早秋胜到雪飞时。"要点亦在"肉漆之"。可见黑青与真黑之别在于腿斑与肚色。

特别应该指出的是，《重刊订正秋虫谱》色品类蟋蟀中有一处导致后世误读的含混之处，是为"紫麻"。其歌诀曰："头麻顶路透金丝，项毛翅绉腿斑狸。四脚兼黄肉带赤，秋虫见影不相持。"粗看之下似乎此虫为黄金斗丝，但这显然与其《五色看法重辨》中"紫要头浓、红线、腿斑肉蜜"的说法不符。

值得注意的是"顶路"这个提法。如果指的是斗丝的话，显然与"紫虫必要红线"的自身原则不符。"顶路"并非指斗丝，而应当另有所指，是指顶门线，即"额线"。从文本本身看，"头麻""顶路"如果都指斗丝，则明显导致行文重复，如"头麻顶路透金丝"，歌诀体惜墨如金，一般不作重复。所以是否可以这样理解，"头麻"一词点题紫麻头，然后是"顶路透金丝"。"顶路"这个词在此谱中仅出现这一次，后世也极少使用。"顶"这个字倒是常用，比如"细丝透顶"，我们今天也仍然用"顶门""顶线"来表述蟋蟀头上最前端的部位。而"斗丝"在古谱中常常称为"线"或"头路"。

如果将"顶路"理解为额线，此句句读上仍有两处歧义：其一，"头麻、顶路透金丝"，指的是斗丝、额线俱黄。其二，"头麻，顶路透金丝"，头麻指的是紫麻头，而顶路却指明是金额线。此谱因为有明确的原则在，

宁波天一阁藏明刊本
《重刊订正秋虫谱》
书影

不可能做出自相矛盾的表述，故，正确的理解应当是第二种句读。

但是由于古人不加句读，致使产生歧义，后世基本将其误读为斗丝色黄。这个错误导致后世蟋蟀谱出现了很大的问题，并贯穿此后几乎所有的古谱。及至清乾隆《蚟孙鉴》将"紫麻"歌诀改为"紫麻头路透金丝，项毛翅绉腿斑狸。四脚腊黄肉带赤，敌蛩见影不相持"，将"顶路"改为"头路"，彻底误解了斗丝色烙。

清代晚期谱中对紫虫的认定常以体色划分，斗丝或红或黄皆归入紫，显然是对"紫麻"歌诀误读的放大。倘以体色划分的原则成立，则熟虾青势必划归为红，黑黄则不免划归为黑。及至当代，有的虫友将白斗丝、遍体淡紫的虫，称为白紫或粉紫，实则此类虫当列"紫白"，归"白虫门"。发生此类误判，亦系对古谱错讹的放大和延续。

当然，就现代科学知识而言，从光学的角度看，光经过三棱镜色散为赤橙黄绿青蓝紫，七色俱全；从三原色的角度，紫色则为复合色，故有其复杂性。但古人所谓"青"，也不能归入三原色之中，亦属复合色。惟于中国五行学说中，青列于五个基本色之一，为东方之正色。如果进一步考量，中医学将一年之气候变化化为六气。五行配六气，青（厥阴风木）、黄（太阴湿土）、白（阳明燥金）、黑（太阳寒水）各居其一，四色配四气；惟有"红"（火）一分为二，分属少阳相火和少阴君火，分配阴阳两属。倘以《黄帝内经》之"六气"与虫色相应，余以为，"红"对应的应当是"少阳"，"紫"对应的则是"少阴"。"红"和"紫"，异体而同质，皆为火象，所以应当有一个共同的性质，体现在辨虫上，则为斗丝之"红（紫）"，当然其色烙可以有相对的明暗、轻重之变化。

前文提及，嘉靖本《秋虫谱》是最接近宋谱的一个本子。宋代是对"五运六气"学说最为重视的一个朝代，宋代医科考试必考"五运六气"一道。五行学说在当代已日渐式微，但在宋代却属于常识，所以无论从情理上还是文本上，紫虫必得红斗丝为要件，应当是值得重视的问题，也是特别需要纠偏的问题。

现代人阅读古谱，《重刊订正秋虫谱》为第一要谱。虽然此谱较简，但原则之清楚、脉络之清晰，后世谱无可企及。

2. 明万历《鼎新图像虫经》

《鼎新图像虫经》刊于明万历时期。从其收录有《秋虫谱》重刊时的"促织论前序"看，此谱显然与《秋虫谱》有共同的祖本，内容也与《秋虫谱》基本相同，但略有增广，比如增加了苏胡子等人的养法，显然参照了其他本子。但此谱缺失了前谱最重要的《青虫总论》和《五色看法重辨》，对定色命名的原则缺乏解说，可以说有重大缺陷。从文本角度看，《鼎新图像虫经》有些内容显然遗留了元人的特征，而这些特征在《秋虫谱》中是不见的（详细论述可见《中华蛩家斗蟋精要》相关章节，读者有兴趣可参阅）。

《鼎新图像虫经》除新增图像外，其他新增的内容还表现出对蟋蟀鸣声的特别关注，但语焉不详。该谱对于定名改动较大的则在黑虫：以"乌青"之名领衔黑虫门，但歌诀内容录自《秋虫谱》青虫门中的"黑青"，只是将名称改成了"乌青"。以"乌青"之名统领黑虫门，逻辑上既已含混，青与黑的区别就此模糊了，显然不及《秋虫谱》命名、归类明确。这也是后世黑虫与青虫混杂不清的渊源。以后我们会看到这个问题的不断放大。

3. 明万历晚期周履靖《促织经》

周履靖续增之《促织经》，亦刊于明万历时期，但晚于《鼎新图像虫经》，属万历晚期刊本。周履靖其人，一生科考不利，后索性隐为高士。其人精于书画，一生所涉颇为庞杂，著述百余卷，涉及医学、造园、炼丹、养鸟、莳花、栽树、相面、占卜等杂术，但驳杂不精，所纂辑之《夷门广牍》也属于辑录性质，看不出有哪些属于原创。

其《促织经》主干沿袭了《鼎新图像虫经》，内容较前谱增加不少。此谱流传较前述两谱要广，及至民国尚有人翻印，故对后世影响较大。但认真考量之下，此谱问题颇多，引发的混乱也较大。

此谱依承前谱体例，重视歌诀，但同样忽略了《秋虫谱》有关分色定名总体原则的论述，亦未录《秋虫谱》中的《青虫总论》《五色看法重辨》等重要内容，可能周履靖就没见过《秋虫谱》。由于失去了定色命名的原则性前提，而所录传统歌诀中又较少提及斗丝色烙，那么对于没读过《秋虫谱》的读者，如果仅读此谱，则对色品的分类原则就无从认识和着手，只能以信息不全的歌诀对应单个虫名。这是此谱给后世带来流弊较大的一个原因。

周履靖《促织经》显然于《鼎新图像虫经》之外，还有另外的来源，周履靖将两者叠加，故其体例、定名既不统一，本身也多有混乱和矛盾。这也显示出周并非真正玩虫、懂虫的行家。

比如，此谱在辑录前谱色品类之前，先有《论真红色》《论真青色》《论真黄色》等凡 22 例，与前谱说法多有不同。《论真黄色》："翅金肉白顶红麻，项掺毛青腿少瑕。""顶红麻"明显与前谱不合。《论淡黄色》中"肉白红头项掺青，头粗脚壮齿如针。这般虫子非容易，九遍交锋十次赢"，完全不得要领，其所指似乎更近于"赤头黄"。《论青麻头》："掺青皱翅紫麻头，肚白身肥牙似钩。"明明说的是青麻头，歌诀却言紫麻头，不着边际。

有些则显得粗略。比如其"红头"条，"红如血点项朱砂，入手观来一朵花，一朝二广交锋胜，到底终须不恋家"。在此前的虫谱中，有"紫黄"，有"红黄"，有"红头紫"，有"纯红"，后世尚有"赤头青"，皆红头之虫，但依据分类原则，各有所属，有如鳞甲森然，一丝不乱。比较而言，此谱仅以"红头"命名，未及斗丝色、翅色、肉色、腿色，笼而统之，实类稚子玩虫时的说法，过于大而化之，失之粗略，难以于色品上落实，可见出此谱之命名实不得要领。

再比如，此谱沿袭《鼎新图像虫经》的错误，以"乌青"之名代替"真黑"，领衔黑虫门。而且更进一步，《论真黑色》歌诀中有"黑者须当黑似漆，仔细看来无别色，于中牙肚白如银，到作将军为第一"，内容显然改编自《秋虫谱》青虫门中之"黑青"歌诀。《鼎新图像虫经》只是以"乌青"之名代替"真黑"，其下歌诀尚未更替，而周履靖谱则进一步将前谱青虫门之"黑青"歌诀内容移植到黑虫门之"真黑"名下，终于使青与黑彻底混淆。而其《论真黑色》歌诀与后文中"黑青"歌诀虽字句略有不同，但实质内容竟全然一样。一谱之内，已将黑虫门之"真黑"与青虫门之"黑青"混为一谈，无法区别。混乱如斯，系由周履靖辗抄数谱而无主见所致。他使《秋虫谱》以肉色区分青与黑的原则被冲破，黑与青从此难以划分，使后世有关黑虫的命名无所适从，乱象丛生。

故周履靖在谱系混乱之流变中难辞其咎，实为最重要的"肇始者"，《促织经》实非良谱。

4. 清康熙金文锦《促织经》

清康熙年间，金文锦编纂《四生谱·促织经》。"四生"者，乃是指鱼、虫、鸟、禽。虫，指的就是蟋蟀。金文锦的《促织经》将混乱局面进一步搅浑。

第一，此谱将"红黄"之名目混入红虫门（明谱归黄虫门）。

第二，将"紫青"混入紫虫门（明谱归青虫门）。

第三，除继续沿袭"鼎新谱"错误，将"乌青"混入黑虫门之外，又将新增之"黑黄"混入黑虫门。这样一来，黑虫门就包含了青、黄、黑这三种色品。这大约是今日某些地域的玩家认为黑虫不分斗丝色烙是黄是白，只以皮色划分的主要依据。

第四，此谱较明谱色品类蟋蟀品种新增二种，即白黄、黑黄。但白黄列入黄虫门，黑黄归为黑虫门，仍是以皮色为分类原则。

第五，此谱在"真青"歌诀后的解释中，提及"白麻路细丝透顶"；而在"虾青"歌诀后的解释中，却言"头要金丝透顶"。可见其分类原则已与斗丝色无干。其"红麻"云："红头黄路最刚强。"又为一证。

此谱通篇未提及定名原则，但从以上数条看，皆以皮色分类。

忽略斗丝而以皮色划分虫类，与明万历周履靖《促织经》相比，已完全走向歧路。究其原因，大约系金文锦一生所见，仅及于"贾周本"（即周履靖本）以下，未能见到《秋虫谱》，所以不知道古谱曾有定名原则，而贾周本着实混乱不堪，看不出分类原则。

金文锦在序中说，"因核旧编，挑灯删定……亦一时游戏偶及"云云，可知其内容多抄自前谱。但因所读并非良谱，虽苦心经营，梳理分类，却贻害后世。王世襄先生认为："此书内容可取之处不多，但二百年来颇有影响，曾见全录此书而另署作者姓名之旧写本不下三四种。抄袭者多，足见其流传之广。"

此谱可视为后世以皮色定色命名的源头。

5. 清乾隆朱从延《蚟孙鉴》

《蚟孙鉴》显然沿袭了明谱的内容，又杂以他谱，兼及旧谱所无的新内容，以为增广。就篇幅而言，此谱为明清两代虫谱之冠。内容驳杂，有关色品类，虽照抄明谱居多，但亦有所发展。此谱也强调定色的基本原则，其《前鉴》中《辨蛩五色》继承并发展了《秋虫谱》的有关论述："大都青蛩要白线金翅，黄蛩要黄线乌牙，遍体如金；紫蛩要头浓红线，腿斑肉蜜；白蛩如冰；黑蛩如墨……"但由于此谱内容来源不一，又受此前数谱的干扰，故实际定名时，则既有合于分类原则者，亦有不合原则者。当是著者心中并无定见所致。

第一，青虫门新增：天蓝青、鸦青、白青、灰青、白牙青、红牙青、葡萄青、井泥青、熟虾青等。

"红牙青"歌诀中有"紫头银线项青毛，红牙白脚绝伦高"云云。"熟虾青"歌诀中又有："水红尾兮水红衣。"两种虫于头色或皮色看，皆与青不靠；又有"天蓝青"，非黄非青亦非紫，终无定色，但仍归于青门，皆因其斗丝色白之故，此系认同《秋虫谱》分类原则的体现。而且能根据分类原则增添新品种，是增广蟋蟀谱品类的正途，对后世有较积极的影响。

第二，将红黄、黑黄皆归于黄门，显然优于金文锦《四生谱·促织经》。但问题是，"蟹黄""黑黄"皆云"血丝"。尤其是"黑黄"，其歌诀第二首云："黑黄斗路隐藏之，日光照见似红丝。腿黄肚赤如金翅，红白牙钳总是奇。"此种描述，应当更类似"黑紫"，归于黑黄，显然不合理。"蟹黄"歌诀云："血丝缠头项背驼，牙红长脚蟹婆娑。腿桩点点红如血，日斗三场也不多。""长脚""蟹婆娑"云云，指的应当是形，但斗丝是红的，按此歌诀，列为"蟹紫"更为允当。

第三，黑色类延续了分类混乱的局面，其《黑色总诀》的核心部分，沿袭《秋虫谱》："真黑生来肚黑牙红，银丝细路贯顶。"但也将"粉底皂靴"之名目列入，视为黑虫之一种。故随后的"真黑"歌诀，沿袭了鼎新谱的误录，将《秋虫谱》青虫门之"黑青"歌诀移植于此，称"更有肚腿白如银"，亦将黑与青混淆。另，此谱新增之"黑麻头"歌诀有二，其一云："乌头麻路透金丝"，其二云："黑麻路要银丝白"。显然录自不同虫谱而未加考订，对于黑虫命名的混乱局面未有改进。

第四，"紫麻头"方面，径将《秋虫谱》"头麻顶路透金丝"更改为"紫麻头路透金丝"，以"头路"代替"顶路"，使得本来含混的说法坐实，直接变成为金斗丝。加之黄虫门又有前述"血丝"者二，黑虫门又有金、银斗丝混杂。这样，《秋虫谱》所承袭的以斗丝色分类的原则，除青虫门外，基本被打破。

此谱亦是后世蛩家以皮色为定色依据的重要来源。秦子惠《功虫录》于定色分类上的错误，大多系由此谱误导。

6. 清咸丰《蟋蟀秘要》

此谱刊于清咸丰年间，署名者麟光（号石莲），又称石莲本《蟋蟀秘要》。其人系国子监教习，曾任都察院御史。此谱虽署其名，但其序中说："有精心之士，考古穷微，今乃成蟋蟀秘要一集，……余每批阅，不胜叹服其妙论，因为之序。"可知此谱系他人之作，石莲只是追记了几则实例及颂诗，便收录于自己文集，故此谱之主体并非石莲所著。

《蟋蟀秘要》虽照录了明谱《青虫总论》的部分，但《五色看法重辨》缺失。实质上此谱作者也未理解《秋虫谱》色品类定色原则，只是于歌诀照抄。此书中有与《秋虫谱》相合者，也有不相合者。其结尾处之《蟋蟀大全》8条，可以见出作者对蟋蟀分类的认识，多出自虫体大致的色烙及其与歌诀所述色烙匹配部分，但未能了然歌诀之外的前提。故其对《虸孙鉴》所创之灰青、井泥青予以保留，而对超出其理解范围的熟虾青则删除不录。但作者对于完全不能验证也毫无依据的"化生说"津津乐道，可知其猎奇心大于理性认识。

7. 清光绪秦子惠《王孙经补遗》《功虫录》

秦子惠系秋虫大家，实战高手，但他显然未能获见以《秋虫谱》为代表的早期谱系，其传承主要来源于《蛩孙鉴》。秦子惠将自己毕生的心得悉数托出，著为《王孙经补遗》，可见其对《蛩孙鉴》的重视。但《蛩孙鉴》由于芜杂，在定色命名上的混乱，已使子惠无所适从，难以理出头绪。

《王孙经补遗》中没有关于虫色定名的专论，在有关"脑线"的论述中，略有涉及："金斗丝惟真黄、黑黄，银斗丝惟真青、黑青。……大红斗丝，细直隐沉为真紫。白蛩斗丝白而扁，青蛩斗丝浑而圆，黄蛩蓬头多权枝，黑蛩或黄或白，均所相宜。……间色者，如白黄、白青、紫青、紫白等类。身色、头色、斗丝可合而参之，无鱼目混珠之误矣。"

在《功虫录》中我们可以看到，子惠常将定为青虫的蟋蟀，在描述中反映为黄斗丝。而"黑蛩（斗丝）或黄或白"这个说法显然是受到了清初谱系，诸如金文锦《四生谱·促织经》之类的误导。当然，此类错误在子惠所重视的《蛩孙鉴》中也同样存在。指黄虫斗丝时不言色而言形，如"黄蛩蓬头多权枝"，虽此形多见于黄斗丝，但不能反过来说黄丝皆如是，或此形必为黄。

但秦子惠《功虫录》的好处是，不管定名如何，皆详细描述蟋蟀的生相特点，故而其作至今仍有较大价值。

（三）当代流行的定色命名方式

也正是三百多年来在定色分类命名问题上各家说法不一，各执己见，导致玩家对传统的定色命名方法认识不清，难以确知。在古谱以斗丝色定色类之外，衍生出以皮色定色类、命名分类的歧路，及至当代又发展出另外的定色分类方法，也就是副斗丝丝形的定色法。

由于古谱在传承中有复杂的流变，在《蟋蟀谱集成》出版之前，旧时蛩家基本没有机会纵观古谱全貌，所以各有传承。当代流行的蟋蟀定名方式多源自前辈蛩家的传授，有些方法则不见于古谱，可能系私家传承，较为常见的有如下几种：

1. 以斗丝色为主要定名依据。这种定名方式源自古谱，为多数人所采用。但斗丝色烙在虫早期并不一定落定，会随着蓄养和泛变发生一些变化。对于相当一批虫来说，早期定名误差较大。早秋收虫之际，虫尚未定色，对于急于给爱虫定名的人是一种煎熬。

2. 以皮色为定名依据。这种定名方式也有古谱的来源，其依据当来源于金文锦之《四生谱·促织经》，相对较为简单和直观，采用者亦众。但其争议也大，毕竟蟋蟀是自然产物，其头色、皮色有许多是复合色，紫多还是青多，黄多还是红多，都不易说清，看法不一，所以有些虫难以归类。此种定名法最大的问题在于需要全面改造古谱，否则不能对接。比如黑黄、黑紫、重青等，倘以体色划分可能将全部归入黑虫；而熟虾青、红黄则势必划归红虫。如是者不可胜数。

3. 以古谱歌诀为定名依据。此类定名有一定困难。一则，古谱歌诀有许多语焉不详之处，缺乏细节描述，或关键要件的信息不全，难以一一对应；再则，古谱歌诀、定名并不统一，有时同是依据古谱歌诀，但由于援引古谱之不同，同一条虫名下的歌诀也有不同，甚至不在同一个大的门类。即便如此，也还需要熟读古谱，不然无法操作。其缺陷在于未能总结明确的定名原则，一虫一名，对于古谱出现过的虫尚且好办，未曾著录过的虫又该如何对待就成问题了。造化神秀，千奇百怪，古人今人都不可能穷尽所有的可能，古谱也有一个由简到繁、不断增加的过程。超出古谱范围的情形，断然不少。对应歌诀、一虫一名的方法，囿于古谱既定范围，显然不能应对变化，不利于拓展新的知识，且于实践中易出现生搬硬套的情形，多有不利。

4. 以鸣声定名。此种命名方式，也有一定道理。蟋蟀为秋虫，其应时而鸣为最鲜明也最早为人所关注的物候特点。古人以五声对五色，由来久矣，也可谓有一定依据。明万历刊本《鼎新图像虫经》虽基本抄自嘉靖本《秋虫谱》，不同之处是前者将鸣声单独标出，虽具体用法不明，但显然已将鸣声纳入考量范围。蟋蟀因色品不同而具有不同的鸣叫特点，为资深蛩家所认可。但鸣声只有定色前后的一个阶段较为稳定，而且也仅是对接近纯色的虫才具典型性和有效性，故而覆盖范围较小。单纯以鸣声定色的方法，属于较为极端的方法，一般也要参照其他条件。

5. 以副斗丝的丝形为分类原则。副斗丝丝形，在明清蟋蟀谱中从未见提及，下延至民国谱系，如曹家骏《秋虫志异》（1925年）、李大翀《蟋蟀谱》（1931年）、严步云《蟋蟀谱》（1936年），亦不曾涉及。民间究竟起于何时不详，从出版文献上看，"文革"后的出版物中开始提及，最初称为耳朵、耳环，当代的蟋蟀大师中，边文华、火光汉、柏良诸蛩家的著述中都提到了耳环线。但是老一代蛩家都是将其作为定色的附属性条件提及的，其参照考量的有主斗丝色、形，耳环形态，皮色，肉色，腿斑、腿色，鸣声类型，等等，也的确曾提及某种色类之虫，典型的会生有某种耳环线，如果搭配不齐，则属色类不纯。这个认识我很赞成。但这是一个不可逆的表述，不能反过来说，生某种耳环的就一定属于某色类，这相当于将条件与结果倒置，至少是以偏概全，而非充分条件。比如我们说身材肥胖之人容易伴有高血压，但我们不能说，高血压的人全都肥胖，或者说身材肥胖的人必然高血压。所以我个人认为，将副斗丝丝形作为定色的首要乃至惟一依据，显然是对前辈蛩家所建立认识的一种误读。至少是一种极不恰当的、以偏概全的简化。

副斗丝，南方蛩家以前称为耳朵。副斗丝在古谱中未曾明确涉及，只在"八脑线"等异虫中，我们可以理解为是将副斗丝计算在内的，算是提及了。这是兴起较晚的一种定名方法，在南方一些蛩家中流传。其优点在于，蟋蟀副斗丝的形态，有相当的稳定性，不像斗丝之色随泛色而变化，再配合腿斑，二者是早秋辨虫色的要点，可以在早秋就为虫定名。对于标准虫、正色虫，有一定的准确性，但也有好多方面与传统定名法不相符合。其最不利之处，在于此法不见于古人著述，故难以与古谱对接。且对于一些间色虫而言，副斗丝丝形也有不够典型、介乎两者之间、似是而非的情形。但标准正色虫确有较为典型的副斗丝丝形，可知其必有与色品相关的因素在内。或可在考察是否纯色以及所间之色中大有用途。

我们不妨对比一下几种定色命名方法的优劣得失。

第一，斗丝命名与皮色命名的对比。

对于外行人，以及没有读过蟋蟀古谱的虫友来说，以皮色命名似乎最直观，也很简单。但事实上并非如此。蟋蟀多为间色，如果头、项、翅色类不一，究竟按照哪个定色呢？即便是整皮一色，考虑到蟋蟀之色千奇百怪，到底是紫多还是青多？也许有人会说，那就叫"紫青"啊。但为什么不可以叫"青紫"呢，这两者如何区分呢？况且蟋蟀的皮色前后变化很大，以哪一个时段为准呢？稍有经验的玩家都曾遇到过类似的问题，为了一条虫究竟是何色而争论不休。是皮色的模糊性决定了这个方法的重大缺陷，而斗丝色基本无此弊。此其一。

其二，斗丝隐藏在蟋蟀头皮之下，受外界的干扰很少，色和形可以更本质地反映出蟋蟀内在的真实情况。斗丝的形色很可能来自遗传，至少受后天的影响较小。而皮色受外部环境的影响较大，不一定能反映出其父母本及祖本的色系品类。

其三，古谱体系中以斗丝色为主要定名依据有近千年的历史，虽然300多年来出现皮色定名的干扰，即便如此，蟋蟀旧谱主体仍是以斗丝色为准，只是变得混杂了而已，蟋蟀谱的主流仍基本沿袭着最初的格局。故，古谱所述经验大多数仍是以斗丝体系为基础构成的认识，如果彻底改为皮色体系，则古谱将面临全面的改造。比如黑黄、黑紫、黑青都将划至黑虫门，而琥珀青、淡色紫青、熟虾青、红黄等都将划为紫虫系。这样只会加重目前的混乱局面。

其四，虽然皮色与斗丝色在蟋蟀"值年将军"问题上有一定的一致性，但斗丝色无疑是更严格的条件，应验率也会更高。比如当年的值年将军为紫虫，虽说紫皮虫也会有较佳表现，乃至各色类中紫牙虫、红牙虫也比白牙者更能出斗，紫青、紫黄、紫白也不错，但仍难以与真紫抗衡，值年将军终归还是要落在隐沉红斗丝的紫虫身上。

第二，斗丝色定名与副斗丝丝形定名之比较。

首先是副斗丝丝形难以与五行相配，或者说找不出解读副斗丝丝形与五行的关系的依据，故而不能成为研究"值年将军"的基础材料。

其次，副斗丝定名法没有历史史料的支持。如果我们想验证值年将军的应验率，则必须依赖前人的经验和记录。斗丝命名在历史上虽也有干扰，但通过古人的描述我们可以纠偏和复原，大致上是可以反映出历史上某年某色类之出斗情况的。而副斗丝丝形定名法则没有历史记录，古人的著述中从未提及，致使大量的历史资料难以利用。秦子惠《功虫录》著录了自道光十三年（1833年）至光绪十七年（1891年）的58年间，以无锡为中心，江南的斗蟋出将情况；恩溥臣《斗蟋随笔》则记录了自光绪二十一年（1895年）至民国二十九年（1940年）京城的出将情况。如此，有约一百年的蟋蟀出将记录，弃之不用，可谓暴殄天物。

再者，单纯以副斗丝丝形定色，含混之处也大量存在，与皮色不符之处也非常多。在这方面，它与以斗丝色定名存在同样的不够直观的缺陷。如果用一种缺陷取代另一种缺陷，如果不是有其他的明显优势，实在也是没必要。

有关副斗丝丝形，笔者研究不多，尚有许多问题不清楚，比如：副斗丝丝形或与蟋蟀头壳内部的皮下组织结构有关，这些不同的情形与遗传究竟是什么关系，来自父本还是母本，还是隔代遗传？我缺乏解剖学、白虫孵化方面的实践和调查，目前尚没有较为切实的认识。另外，副斗丝丝形及色烙，似乎与牙色有一定的关联，但是牙色和虫色命名毕竟是两回事。

如果与牙色有关，说明在蟋蟀身体内部，丝形与牙色两者之间甚至更多的层面的确具有特定的关联。但究竟是遗传决定的，还是受若虫期成长过程中的某些因素影响而生出的变化，目前尚缺乏认识，有待从事基因工作的朋友解答，以矫正我们依据传统认识而导致的不足和偏差。

（四）定色分类的意义和价值

有虫友不解，疑惑于笔者为什么在定色分类问题上如此纠结，以至于多年来执着于此，非要解决这个问题不可，有没有这个必要。

性格粗放者或以为蟋蟀命名不过是为了好记，至于叫什么名，不过是方便而已。实则不然。

蟋蟀定名首先是为了交流方便。倘若没有统一的命名方式，大家全都是自说自话，谁都很难了然别人所谈论的究竟是条什么虫。所以自贾似道始，蛩家就试图找到分类定名的方法，以规范语境，提高信息的有效性，达到有效交流、传承有序的目的。

蟋蟀定名也是后续研究的需要。对蟋蟀这种活体昆虫的研究，主要还是以观察—总结—验证为主。研究蟋蟀某种特征与某种性质之间的关联，依赖于此特点在诸多虫体上反复出现，并与某种特征具有高符合度，这样才能建立有效的认知。

有传承的定名方式，也是继承古人经验的有效途径。历代古谱以数百年的斗蟋经验为基础，保留了大量资料，凝聚着前人的心血乃至数代人的心得，有些心得和经验已进入有效认知的范围。如果每代人都重起炉灶，这将是巨大的浪费。今人对古谱的继承，也需要对古人定名、定色原则有一个透彻的认识，否则难以与古人对话。

合理的定色命名及分类方法是建立认知的基础和框架。在这个框架里不允许存有内在的逻辑矛盾，不允许某虫既属于甲类又属于乙类，否则将会对寻找规律性的认识形成阻碍，也很难建立对于蟋蟀色类性质的一般性认识。规则不能含混不清，采用的标准应该一致，不然的话大家都自说自话，相互的交流也会变得很困难。

当然，也有虫友可能会有疑惑：既然古谱在流传过程中，有一个从最初以主斗丝色为定色依据，向以皮色为定色依据的漂移，最后各占半壁江山，你怎么就认为这是错误的不断放大，而不是认识逐步加深而产生的进步呢？

之所以坚持以斗丝色为定色命名的依据，一方面是近几年来笔者对传统经谱之源流做过一次梳理，对古谱之流变也有了一个清晰的认识。在古谱的流变中，可以很清楚地看出，最初的一点问题和支吾之处，是如何一点点、一步步地不断放大并导致新问题的出现，最终成为今天这个样子的。有关情况可参见上海科技出版社《蟋蟀古谱评注》之《代导读——蟋蟀定色命名研究》一文。另一方面也是今后研究指向的需要，最终我想要做的是解读蟋蟀"值年将军"的问题。要解决这个课题，就必须建立能与五行学说相通的定色命名体系，而这个体系我认为不必新创，遵循早期谱所订立的原则，融合后代所做出的推进，适当加以改造，使之泾渭分明、无可交叉，即可适用。所以本书要做的是回归传统，将历代加诸蟋蟀谱的误解和误读去除掉，去芜存菁，在古谱的初始原则基础上加以条理化和清晰化。

（五）蟋蟀定色命名的结构方法

历代古谱中，蟋蟀名称基本采用"偏正词组"的结构方式。其方法是将主色（分类色）置后，间色或修饰色前置。其优点在于简明，分类清楚。比如白青、紫青，一目了然，归青虫门，分别间以白、紫。这样可以和"熟虾青""稻叶青""狗蝇黄"等描述性偏正词组，在构成原理上达成同构关系，使整个命名系统保持逻辑上的一致。

惟"青大头""黄麻头""紫尖翅"等以特点押后，色烙居前，但也不至于混乱。且一旦出现间色时，如"紫黄大头""白紫尖翅"等，其前置部分仍以偏正词组构成，无害整体原则。

此方法对当下定名仍不失为一种恰当方式，依然适用。

（六）蟋蟀分类定名的基本原则

大道至简。万事万物，经归纳处理，所涉原则皆力求简明。蟋蟀之道虽系末技，但"道"无分大小。蟋蟀定色原则亦当简明、便捷，同时也要考虑对古谱的传承和对接，使古今虫谱保持在统一的逻辑系统之内，不至于古今有如隔岸，难以对话。但古谱系统纷杂，又有某些错讹经累代放大，偏离正朔日久。旧时玩家所见版本不同，不明就里，习焉不察，乃至反客为主，并形成一定的历史传承，终至树大根深，已为流风。本文力求追寻古谱源头之定色原则，不免与清中期以来的一些古谱中的某些内容相抵牾，也难免与沿袭已久的一些说法、称谓有不尽相同之处，甚至大相径庭。但顾及系统的同一性，又难以处处妥协，实不能因虫谱传承中之歧路或个案而害整体原则。故不尽如人意处、难以两全处、一时不好接受之处在所难免。

蟋蟀分类定名仍当以斗丝为第一要义，这与早期的虫谱以及蟋蟀谱的主流原则一致；细化条件则参以腿斑、皮色、肉色、鸣声、副斗丝丝形，用以考察其是否纯色，以及间色之主次。

斗丝色所代表的色烙应视为色品本质色，亦可视为"分类色"，在定名中应居"后置"位置。皮色、肉色、副斗丝丝形等所代表的色烙，为所间之色或修饰色，乃至鸣声，应居"前置"位置。如此构成蟋蟀定名的偏正词组。

大的原则确定之后，古谱已有品种便可各安其位；古谱未及之处，亦可临机命名，畅行无碍。昔时江南名医叶天士，临症拟方之际，忽有桐叶飘落案上，遂于方末加梧桐落叶一枚，取其应季得时，其通达潇洒如是。古谱未载之蟋蟀定名亦不妨随机而动，只要保持在一个统一的逻辑系统内就无大碍。

1. 青、黄、紫的命名

青虫必以白斗丝为前提，黄虫以黄斗丝为前提，紫虫则以红斗丝、紫斗丝（隐红斗丝）为前提。额线色涉及色品之纯度，但无关乎色品分类。

青虫的典型特点应包括：白（银）斗丝，斗丝细直，白腿，如有腿斑则为鱼鳞斑，副斗丝形全，如R状。

古谱中青虫门著录品种最多，其间色虫等诸般品种古谱俱备，可仍依旧谱歌诀所颂。少量有争议的命名，容后文讨论。古谱中青虫门间色类，未见者不过"红青""黄青"而已。"红青"虽不见于古谱，但"赤头青""熟虾青"或已基本表达了这类意思。至于"黄青"，笔者揣度古谱中之"麦柴青""蜜背青"等，或可为对某种类似"黄青"的表述；另外，晚清以来蚕谱所谓之"老白青"亦属黄头青衣之虫。但青与黄的搭配，仍当以断色清楚为好，含混不清者无用。朱从延《蚨孙鉴》论及各种青虫，独于兼黄色者评价不高："有于日光中照之如栀黄色，隐在青内者，甚属无用。有青而夹杂黄色者，曰乌龟青，亦不成将。"历代虫谱皆不见"黄青"之名目，或为经验之谈。

黄虫的典型特点有：黄（金）斗丝，蜡腿，腿上有跳蚤斑，副斗丝呈刀头形。真黄鸣声在各色虫中最为低哑，属宫音，在六气配五色上属太阴湿土。古人有"黄贵乎湿"的说法，可能与此有关。

黄虫的间色虫，黑黄、紫黄、白黄、红黄、青黄古谱俱备，惟"青黄"情况特殊，后文单论。

紫虫则为红斗丝，副斗丝形不全，呈单括号状，腿斑则为烂斑。

紫虫的间色虫以色命名者，白紫、黑紫已具，黄紫、青紫、红紫不见于古谱，但"红头紫""紫头金翅"古谱有载，或可视为对红紫、黄紫等类似情形的补充。

红斗丝的青皮虫，民国以来很多人习惯上称为"红线青"，笔者认为正可称为"青紫"。"红线青"之名，有歧义，后文单论。

2. 黑与青的区别

黑与青之区别在于肉色和腿斑。青虫白肉玉腿，倘有腿斑，以鱼鳞斑为典型；黑虫肉色以黑绒肉为典型，乃至黑肚或肉鳞黧黑，腿斑布满或较重。清谱中将"粉底皂靴"赠予黑虫，故关于黑虫究竟如何界定尚有争议。但严格地说，"粉底皂靴"仍当属"重青"或"乌青"，隶属青虫门，这在嘉靖本《秋虫谱》中表述得相当明确。当代虫谱为简明计，将黑并于青。这样减少了很多争议。但古谱基于传统的认识论，以五行对五色。五行之中，黑为北方之色，于季节主冬，五音中配属羽音；青为东方之色，于季节主春，五音中配属角音。故黑与青完全是两回事。以愚之揣度，黑虫至定色后、衰老前，或可根据鸣声与青虫相区别：黑虫属羽声，于五音中是最为高亢、清越者；青虫鸣声音域之宽广胜之，清越则不及。但这仅是以正色论，倘为间色又另当别论，或有一定差异。比如黑青，青虫间以黑色，与真黑之区别在视觉上已然不大，惟腿色、肉色有所不同，或鸣声差异也小。

黑虫之间色，古谱有"乌头银翅""乌头金翅"，或可视为兼白、兼黄之虫。

3. 白与青的区别

白与青的区别一则在于脑盖色、体色之浓淡，斗丝亦有不同，白虫斗丝扁平，青虫斗丝隐沉、细直。斗丝有所不同的说法并非自古如此，明谱及清早期谱的歌诀中言及白虫斗丝，亦称细直。言白虫斗丝扁平，始自秦子惠之《王孙经补遗》及《功虫录》，后广为世人接受。但倘若头色、翅色确为冰白色，虽斗丝细直，却是纯白斗丝，也仍当归为白虫门。

朱从延之《蚟孙鉴》论及白虫云："以有血色为上，血色者精神华色是也。如但白而无神，似饿白虱者无用。必有砂雾濛濛笼罩，望之却干索索，所谓黄贵乎湿，白贵乎干也。肉以洁白紧细为贵，未有青黄紫杂色而成将者。"李大翀之《蟋蟀谱》从其说，并对"干索索"之句，进一步阐发："望之却干如蝴蝶粉，按之粉花欲落，清洁有情者佳。"

白虫之间色，万历鼎新谱首录"黑色白"，列异虫类。但何以称为黑色白，语焉不详，反以翅形应付，不清不楚。今或可理解为乌背白，当为一身浓黑，惟脑盖色淡冰白、斗丝扁白粗浮者也。

《蚟孙鉴》于异品中著录有"朱墨色"，又云俗称"紫白"。所谓朱墨，系古人以朱砂为原料所制墨块，用以批注或标点句读所用。"紫白"应当是以白虫为底，间以紫色者，其斗丝色白，遍体白色而罩淡紫，属白虫门。与之相反者有"白紫"，其体色淡紫而罩白光，但斗丝色红，系以紫虫为底，间以白色者，属紫虫门。

自然界之色类实为千姿百态，白虫间有黄色者必当有之。比如青虫门中有"老白青"，脑盖泛黄，体色亦有黄光，倘此虫色配上扁白斗丝，身形扁阔，鸣声又较一般青虫低，未必不是黄白间色，倘以间色命名，则为"黄白"。只是古人常用"黄白之物"来借指溺便，或因其不雅，避讳黄白之称呼。

4. 紫与红的区别

古谱要求红虫色正，基本不为他色所掩，玉腿。真红有"焦眼"之说。紫虫实为红与青或红与黑之混合色，腿有烂斑，洁净者少见。

古谱中之"出炉银"，不知是否可理解为"白红"，但显然间有白色。

从自然界色彩构成的角度讲，三原色为红、黄、蓝，三基色为红、黄、绿，三原色混合而成黑，光之色散是为白。物质吸收了光谱中某些波长的波，而将不能吸收的波反射回来，成为我们所见之色。故红与青、红与黑混合皆可成为紫色，只是色彩浓度有差异。笔者认为，紫实可分为两种，青与红混合之紫和黑与红混合之紫。前者颜色的虫鸣声低于后者，以音阶喻之，则一为 4（fa），一为 6（la），前者低两个音程。中间之 5（sol），是为红虫标准鸣声，高出青与红混合之紫一个音程，低于黑与红混合之紫一个音程。

赤头黄关键的要素在于斗丝色黄，故虽头为赤色，但依然归于黄虫门。赤头青则头色虽红，但斗丝色白，故归青虫门。倘斗丝色红纯正，蜡腿、金翅，则可视为"黄红"；玉腿、青衣而斗丝纯红，则可称为"青红"。

古谱中所谓"啖色虫"，列异色类。似乎与红有关，但何以如此命名，笔者尚不解其意。

5. 黑黄、黑紫、黑青之区别

黑黄、黑紫、黑青三者皮色上差异不大，或不能轻易辨识，但三者以斗丝区别，则明确无误。

古谱上说："黑黄出土如黑子。"但黑黄以金斗丝为要，副斗丝基本形全；黑紫则为隐红斗丝，副斗丝形不全，腿斑为块状烂斑；黑青则以银斗丝为要，副斗丝基本形全，腿较为干净，如有色斑亦以鱼鳞斑为主。当代蛩家柏良先生、肖舟先生、边文华先生、李嘉春先生等名家也都分别在其著述中指出以斗丝之黄、隐红、白划分黑黄、黑紫和重青。

6. 三间色的命名

间色，一般指两色相间，或可称为正度间色。但蟋蟀杂交或受其他因素影响，出现多色相间的情形并非少见。古人也曾有过对三色相间虫命名的尝试，比如万历本《鼎新图像虫经》中就曾出现过"青黄白"之名，虽语焉不详，但三色相间的命名思路还是有的。不过古谱中多数三色相间者还是以三段命名。嘉靖本《秋虫谱》即已出现"真三段"，鼎新谱新增"草三段"，后世则又衍生出"三段锦""小三色"等等名目，多用来描述间有三色之虫。但其三色分属头色、项色、翅色，断色清楚无误，并非混色。

混色过多或搭配不当，有花色之嫌，多不入行家之眼。三段类早中秋尚能出斗，也系因为其断色清晰，绝不含混。有些间色过多而又含混不清，多为混色或花色，出斗的概率较小，命名的意义亦不大。

7. 杂色虫的命名

杂色虫因难以按古谱落色，所以在定色命名上有一定困难，而且与三段类又有明显不同：三段或三色，皆以头色、项色、翅色断色清楚且明显不同为依据，故名三段。但也有些虫，两色相合，翅、项色类大致相同而与头色相异，比如古谱中有"赤头青"，斗丝色与翅色相合，故可简单描述。我们这里讨论的是在上述基础上，同时斗丝色与头色、翅色不同的情况。此类虫常能见到，亦偶有能出斗者。倘仅以主要色类命名，则不免挂一漏万，别人也难以体会此虫生相。不妨以较为简单的字句将虫色的配置指明，仍以斗丝色为落脚点，比如紫头、黄丝、青项、青翅，称紫黄、草紫黄显然都不合适，或可称为"紫头青皮黄"；倘黄脑盖、白斗丝、紫绒项、紫翅，则可称为"黄头紫壳青"；再比如青头、青项、暗红斗丝、黄翅，或可称为"金背青头紫"；倘若红头、银丝、黄金背，亦可称为"金背赤头青"。如果项色特别，则以项色入虫名，亦未尝不可。总之，最后一个字落脚于斗丝色。如此命名，则大致的色烙匹配已然清楚，相互交流、表述也较为清晰。

8. 金线紫、银线青、红线青——几种特殊命名的义指讨论

金线紫、银线青、红线青这几种特殊的虫名，其出现时间有别，出现的原因也不尽相同。许多人将"金线紫"理解为整体紫色，或皮色基本为紫色，惟斗丝金黄之虫，归入紫虫类。"红线青"则理解为整皮一色之青，却具有红斗丝之虫，归入青虫类。这种理解显然不妥。但究竟问题出在哪儿，古谱用这样的名称究竟想表达什么，值得讨论。其实关键点在于"线"究竟指什么。

古谱对"线"的使用最初并不严格，常常称斗丝为线，亦常将线、丝、路混用。但同时也将额线称为线，有时候又称"抹额"。直至今日，我们也常常将斗丝称为"斗线"。这与古谱草创期人们对蟋蟀特征的关注点还比较少有关，致使定义不严格。

（1）银线青与红线青的义指

其实从"银线青"的称谓中，我们可以找出古人的命名思路。既然是青虫，其前提就是白斗丝。古谱中紫、黑两类的命名有许多不严密之处，但青虫门一直恪守白斗丝的标准。那么，"银线青"如果仅是指银斗丝，而不是有特别强调之处，则命名就显得重复，乃至完全没有必要。所以"银线青"所强调的"线"只能理解为额线。《秋虫谱·青麻增释》一节有"凡青麻，额或一线"云云，后世演化出"银线青"之名，也有的谱直接称为"青麻一线"。所谓"青麻带线，将军带箭"，喻其多一般兵器。又有"青虫额上栓，诸虫把身转"之说，亦言其善斗。但很明显，这个"线"，指的是额线。

"红线青"之义指从"银线青"的理解拓展而来，应当首先是青虫，是指一身青皮、白斗丝而具红额线的青虫。此名强调的是与一般青虫不同、特点突出的红额线，如此才能与红牙青、白牙青、银线青等以特点命名的传统虫名，具有命名方式上的同构关系。

那么"红线青"为何被理解为有红斗丝？这倒也并非空穴来风，实有一定的来源，与《蚟孙鉴》有关"血青"的命名失误以及衍生出的错误分类有关。

"红线青"其实出现很晚，首见于民初李大翀《蟋蟀谱》，其卷七《颜色目别·青色》收录白砂青、红砂青、红线青等等，但仅留名目，并未详解。这为后来理解上出现歧义埋下了伏笔。李大翀《蟋蟀谱》此节内容基本沿袭自《蚟孙鉴》，惟将"紫砂青"删除，而代之以"红线青"。《蚟孙鉴》虽著录有紫砂青、红砂青、白砂青，言"均以色名"，但从上下文来看似乎指的是砂色，并非斗线，因为特别提及斗丝的只有"血青"："再，纯青而无白色，于日光中照之，青内尽红如血，是为血青，……其斗线亦红，如渐退白色，即属败征。"一百多年后，李大翀发挥此说，认为斗丝现出白色实为露出本相，但虫性已老。愚甚不以为然，岂有露出本色反而不能斗之道理？实则将此虫命名为"血青"本身就不合理，此虫实非青门。从其"日光中照之，青内尽红如血"、其盛斗期体现为红斗丝等特点，以及时间较早即退出盛斗期等迹象看，此虫本就当属红虫门，称其为"血青"属于定名、归类错误。就古谱的表述而言，红虫与某些青虫都有一个共同的特点，就是腿白。但遍体红、玉腿、斗丝白的熟虾青可归为青虫门，那么遍体青色而斗丝红的虫也就可以称为"青皮红"，或径称"青红"，归红虫门，这才符合古谱最初的定名原则，也合于虫性的反应。但《蛩孙鉴》的定名、分类欠妥，导致后世理解"红线青"时，与血青、红砂青等混淆，都理解为属于一身青皮而具有红斗丝的虫，实误。

倘认定"红线青"之"线"指的是斗丝，则"青"之谓就只能来自皮色。而如果以皮色定名，则势必导致一系列的问题和连锁反应，比如"熟虾青"则需改名"银线红"，"黑黄"则须改名"金线黑"，"黑紫"则为"红线黑"矣。如此则面临着对古谱的大面积的改造。

故无论从词意构成的角度，还是从古谱命名的原则来讲，对"红线青"这种命名的理解，还是要落脚在最后一个字"青"上。所以，不但可以有"红线青"，还可以有"金线青"，它们反映的依然是青虫，只是具有红额线或黄额线而已，斗丝仍然是要白斗丝。较早的古谱中也曾提及"反生虫"，列异虫类，所谓"金斗丝、银抹额，银斗丝、金抹额"，可见斗丝与额线不同色是常见的情形，古人很早就观察到有此现象。

《蛩孙鉴》所列"红牙青"云："紫头银线项青毛，红牙白脚绝伦高……"此处所描述之虫，就很容易出现红额线的情况，或副斗丝内圈不太连贯或者极细的情形。

（2）金线紫与紫黄

"金线紫"在一般理解中，是指金斗丝而一身紫气之虫。这种理解显然有误。倘如此命名成立，"熟虾青"则不免要称为"银线红"。

"金线紫"的出现可能与紫黄不断升级有关，也与《秋虫谱》以降，对"紫麻"金斗丝的错误理解以及不断放大有关。

李大翀《蟋蟀谱》有关紫虫的一段论述，常遭诟病，其文曰："紫必以不杂青、黄色者方为真紫，如稍带青即为紫青，稍带黄即为紫黄。"其实石孙此论不过是照录自朱从延之《蚟孙鉴》。这段话的确问题很大，一般虫友接触近代蛩谱的概率远大于明谱及清初谱，故所见蛩谱中"紫黄"已列虫王级别，实非易得。此说法先不论是否得当，无疑是怠慢了紫黄。

单就蟋蟀命名而言，《蚟孙鉴》此论首先违背了传统命名以偏正词组构建的习惯顺序。比如白青、紫青，首先是"青"，这是前提，白、紫不过是所间之色。所以在隐沉红斗丝的"紫虫"前提下，正当的理解，稍带青当为"青紫"，而非"紫青"；稍带黄当为"黄紫"，而非"紫黄"。《蚟孙鉴》的说法使得偏正词组完全倒置，无怪乎遭后人诟病。

其实"紫黄"在虫谱中最初出现时，并非位列虫王级别。嘉靖本《秋虫谱》在辑录来自古谱的内容时，将红黄、紫黄、淡黄同等对待，不过是一般性正度间色，其《黄者增释》亦不过指出"紫黄则重在头若樱珠之别也"，并未视若超品。明谱皆从此论。《蚟孙鉴》亦照录前谱。《蚟孙鉴·续鉴》在《黄》一节中，言及紫黄，略有发挥："最难得者曰紫黄，或紫重而黄轻，或黄重而紫轻，非素畜养者不能辨也。"但也未将紫黄捧若虫王。紫黄位列九五，首见于金文锦《四生谱·促织经》，位于各色品类之前，称为"足色"，其歌诀曰："头似樱珠项似金，浑身蜜蜡自生成。牙钳不问何颜色，咬杀诸虫最有名"，后附说明："此虫樱珠头，红黄项，紫黄翅遍身油滑，小脚铁色，两腿起黑斑，腕上有血点者最为难得。其红头黄项黄金翅者间或有之。"可知此时对紫黄的描述尚不苛刻。至于后世将紫黄定义为紫头、蓝项、黄金翅、白肚、蜡腿、赤爪、黑牙，身具五色，谓之五行占全。如此匹配，实百年不一遇。

"紫黄"被推为虫王，最初可能出于实际战例，不然不会如此受推崇。但可想而知，未必所有的紫黄都能出佳绩；生相不入格，亦是枉然。但是虫王不能只担空名，故条件也就越来越苛刻。其实，身具五色之"虫王紫黄"，实已超出紫、黄两间色范围，很有可能已经是三间色。只是在偏正词组构成的命名系统中，紫黄一旦超拔为极品，"以黄虫为底间有紫色"的正度间色虫位置空间被挤占，被挤占者只好另寻出路。"金线紫"亦为出路之一，但显然并不合理。

从"银线青""红线青"的讨论我们可以知道，以定名规则而论，"金线紫"之名——如果确需此名的话，"金线"强调的是额线，应当是指一身紫皮、隐红斗丝，而具金额线的紫蛐蛐，应归于紫虫门。前面我们曾讨论过的《秋虫谱》"紫麻头"，如果回归紫脑盖、红斗丝、黄额线、一身紫皮的话，那么这个虫正可以命名为"金线紫（麻头）"。同理，倘遇到一身紫皮、红斗丝、斑腿，却具有较突出的银额线之虫，不妨也可称为"银线紫"，仍归紫虫门。

围绕"紫黄"，我们不妨如此规划命名解决方案：五行占全之"虫王级"紫黄，当请出一般命名系统而单列，称为"全色紫黄"或"足色紫黄"。"紫黄"之名，应还给古谱中之一般正度间色虫："头如樱珠项似金，肉腿如同金裹成。红黑两牙弯若剪。诸虫着口便昏沉。"至于《蛈孙鉴》所言"紫黄或紫多黄少，或黄多紫少"之情形，皆可视情况分别定名。如整皮一色、一身紫气，而斗丝金黄，或可称为"紫皮黄"或"紫壳黄"。倘试图描述更为细致，再配以牙色，可根据实际情况，称为"红牙紫皮黄"或"黄牙紫皮黄"。如基本符合古谱歌诀内容，惟色烙略有出入，可称"草紫黄"。

李大翀《蟋蟀谱》沿袭《蛈孙鉴》，列有"淡紫黄"，并将原谱内容整理为歌诀："色极轻清淡紫黄，莫猜紫白细推详。浑身只有微黄罩，毫发难容青白光。超品红牙兼紫项，淡黄腿腕血斑良。爪尖更妙黄同赤，须尾完全一色装……"但歌诀恰恰没有点明此虫必须黄斗丝或淡金斗丝。补上斗丝色，要件才算得上完备。其"淡紫黄"的名目亦可保留。

（3）古谱未见之"青黄"

古谱中有"黑白全无用，青黄不可欺"之论，但这里的"青黄"实际指的是青虫门和黄虫门，并非指某一种叫作"青黄"的蟋蟀。古谱中"麦柴青""蜜背青"都多少与黄有关，但未出现"青黄"之名。

我们今天常能见到一身青气之虫，惟斗丝色略深于糙米色而呈现浅黄或黄色。此类情形亦出现于秦子惠之《功虫录》，如道光二十五年"淡青尖翅"、咸丰元年之"练钳稻叶青"、咸丰七年之"白肉青麻"、同治五年之"方青大头""干青"等等，子惠径称为"青"。愚以为子惠未曾得见《秋虫谱》等明谱，即出于此类证据。《秋虫谱》明确说："大都青色之虫，虽有红牙、白牙之分，毕竟以腿、肉白，金翅，青项，白脑线者方是，断无斑腿、黄肉、黄线之青。"子惠显然不谙此论。其"淡青尖翅"："两翅尖长，色如稻叶，微带黄光，滟金斗丝……"又有"翅沙声"等描述，属黄虫明显。余者虽皮色类青，但严格划分，仍当归黄虫门，只是青多黄少而已。

青皮黄丝之虫又与传统经谱中之"青黄二色"有明显不同。"青黄二色"指的是"青黄二色翅、项明"，并非整皮一色，亦与斗丝无干。此类青皮黄斗丝之虫亦不可称为金线青，因为金线青应当指金额线、白斗丝的青虫；亦不可称金丝青，因为金丝之虫已非青，如此称呼，文不对题。其解决之道或可如是：倘黄为主调（黄斗丝，脑盖色或皮色有一种为黄），杂以青色，或可径称"青黄"；倘一身青气、整皮一色、腿斑较重，惟斗丝黄色，或可称为"青皮黄""青皮暗黄"，借以强调皮色之特别。

（七）结语

重新厘定蟋蟀谱，使之不会出现含混、交叉命名，这不过是一个将地基进一步打牢的工作，也是建立有效解读、让虫友有效交流的基础。这就有如建高楼，地基不牢或出现偏差，最初可能并不明显，但建得越高，问题就越大，相当于巴别塔上所出现的语言混乱，最终将因为相互不能沟通半途而废。地基不正，将来再纠偏就会很难，会花很大的气力。王世襄先生《蟋蟀谱集成》既然为我们已然揭开了古谱的大致面貌，吾辈自当珍惜此机缘，就此下些功夫，先将基础工作做好，亦不负王世襄先生一番苦心。

（五代）黄筌《写生珍禽图》

（一）总论

青虫的定色标准基本一以贯之，自早期古谱延续至今变化不大，惟清代晚期出现了一些混杂。

青虫的基本标准还是比较清晰的：以斗丝色白，腿、肉白为基本特征。这类表述见于最早的《秋虫谱》，并传承不绝。

《秋虫谱·青虫总论》："大都青色之虫，虽有红牙、白牙之分，毕竟以腿、肉白，金翅，青项，白脑线者方是，断无斑腿、黄肉、黄线之青，青鸣有叮叮之声。"同书《五色看法重辨》云："大都青虫便要线、肉白，翅金。"这是青虫最基本的辨识要点，一方面讲述的是定色原则，另一方面则偏重于讲述正色、纯色、单色之虫。实际上，以青虫为底的间色虫，都在某些方面有所突破，但都不能忽略白斗丝这个基本底线。

白斗丝虽然是青虫门的基本要件，但也不能说只要是白斗丝就是青虫，依然有其他条件约束。这就要考量青虫与其他也具备白斗丝的色类之不同来加以区别。

在大的色类分类上，具备白斗丝的有三个门类：青虫门、黑虫门、白虫门。

（一）青虫门

大都青色之虫，虽有红牙、白牙之分，毕竟以腿、肉白，金翅，青项，白脑线者方是，断无斑腿、黄肉、黄线之青，青鸣有叮叮之声……

1. 青和黑的区别

青与黑的区别在于腿色、肉色：青虫腿、肉为白；黑虫腿、肉皆黑。

青虫有的也不是纯白肉，青白肉亦常见。河北及山东宁津、乐陵产区有青虫而黑背者，但肚腹终究是以白为底色，与黑虫之黑黧肉还是有很大区别。

两者主斗丝亦有区别，但在传统经谱之表述中区别不大，或者说不够严格，多言之为"细直透顶"。以今日之细分标准，标准的青虫斗丝呈游丝状，夸张一点理解就是蛇矛状；但有细直斗丝而其他诸条件都符合青虫标准者也常见。黑虫的斗丝则为笔杆状。所以青虫的斗丝讲究"活"，有灵动感，而黑虫则讲究"沉"。但这也是理想化的解释，事实上有时这两类虫仅通过斗丝难以区别，都有细直隐沉这一款。如果确要深究的话，青虫当以游丝斗丝为上，青为木之色，这比较符合五行中"木"的性质。《尚书·洪范》中说"木曰曲直"，这是古人对五行之"木"本初的解释。所以蛇矛状之斗丝较细直斗丝更贴近"曲直"这个意象。木的这个性质，在中医理论体系中得到了很好的诠释和发挥。在中医的理解中，木之节令时相是指一年当中的初之气，即大寒日至春分这个时段，是冬春交接的时段。从五行的角度说，春有生发之相，木喜条达，厥阴风木与肝对应。但这个条达也同时具有收敛的性质，我们通俗的理解，可以从大寒到春分这个时令的气候特点来做具象的体会。此时不是一味纯阳回暖、一味升温，而是寒温交替、有纵有抑，虽指向明确，但道路曲折、百转千回，绝非直通通地一路到底。回到虫上，斗丝的游丝状、蛇矛状，体现的就是这个特点，也最能反映"曲直"这个概念。从这一点也可以理解为什么青虫斗丝强调"隐沉"。从斗性上理解，细直斗丝者宣泄较快，性猛烈，但不及游丝斗丝者能走长路、耐盘打。

当代虫家发现了副斗丝丝形与色品之间具备一定的关联：典型的青虫，副斗丝为 R 形；黑虫副斗丝大多形不全，有的甚至隐而不易见。在以副斗丝丝形为划分标准的体系里，常出现的错误就是将黑虫门的某些虫错划入紫虫门，也常将青虫门中带有间色成分的部分虫划入紫虫门，这是不妥的。但副斗丝丝形可以作为考量是否正色、纯色的一个参考标准，这样既不会与古谱违和，亦开阔了视野和思路，增加了辨识的可靠度。比如一条青大头，青金脑盖泛紫气，白斗丝，整皮青衣，但副斗丝丝形有的是不连环的，常见于内边极细乃至部分空缺。这说明此虫或父本或母本中必有紫虫或紫虫的间色虫，但是此虫应该说还是属于青虫门。因其间有紫虫血统，不可视为青虫的纯色虫，或可定名为"暗紫青大头"。这样既可以与纯色青大头相区别，又不会坏了基本的分类原则。如果同类情况而副斗丝丝形为黄虫所应有的刀头形，亦可参照处理，定为"暗黄青大头"或"暗黄青麻头"之类，一切依具体情形而定。

2. 青和白的区别

青和白的区别在早期谱中划分办法不甚高明，基本是以头色、皮色划分，将冰白脑盖、一身素淡者视为白。其实没有很标准和严格的划分，缺乏背后机理的支持，而且也为后世以皮色划分蟋蟀色类留下了口实。

青与白较严格的区别是由清后期无锡名家秦子惠提出的："白虫斗丝扁而白，青虫斗丝浑而圆"，此前不见于他谱。这个辨识要点十分到位。秦子惠有此一点，即可彪炳蜇史。于五行性质考量，白为金之色，主秋，为西方正气。《尚书·洪范》说："金曰从革。"这个"从革"历代解法不一，有人认为是"纵革"，言其锋利，可以切割皮革；而章太炎则训为"纵横"，指金在五行中与他者的区别在于其具有延展性，我比较认同这个解释。所以扁白是比较符合金的五行属性的，子惠此说实在高明。自秦子惠之后，此标准基本为后世采纳，成为通例。白虫本身体形也较宽，常有阔一草之相，也带有"延展"的性质。其实从"从革"的字义看，以中医理论解释，就是从皮、从肺。在中医里，五脏之肺属金，有肃降之意；肺主皮毛，故白虫门之虫还有一个较突出的特点——多毛，身如敷粉。在斗丝问题上，言六色之虫，青虫白斗丝，这是大局中的比较。如果放在和白虫的比较上，青虫应该表述为银斗丝，或清白斗丝，并非纯白，多少沾有灰白色或青白色；而白虫斗丝为粗浮之扁白，也有的斗丝煞白如粉而浮，一般属于白虫门，而不归为青，这从其腿斑、肉色等各项配置中也可以辨识。典型的白虫还是比较容易确定的。

有了这几个前提以及和他虫的区别，再看青，不论歌诀所及是否周延，都可以准确划分大的色类而不至于失误。

（二）青虫品类

1. 真青（正青）

真青

青色头如菩提子，项上毛青靛染成。

牙钳更得芝麻白，任君尽斗足欢情。

真青增释：此虫号真青，头要青金样，白麻路细丝透顶，金箔明亮翅，腿圆浑长白是也，亦有头如官蜻蜓头样，此二等为上。

（首见于明嘉靖本《重刊订正秋虫谱》。原书缺页，此歌诀与附注由《鼎新图像虫经》补录辑出）

　　"真青"古今争议不大，在于明代谱描述已臻完善，以整皮一色、白斗丝、白腿为准。至于头形，实则是与斗品有关，并非色品命名的要件。真青是否一定要求白牙，亦不属于必要条件，红牙、紫牙、绛香红牙亦未尝不可，不影响定色命名。

　　后世谱基本沿袭着这个表述，即使将定色命名引入歧路的金文锦《四生谱·促织经》，在"真青"条下依然照录明谱。近代李大翀谱将歌诀增为十六句，但基本内容不离明谱主旨。至严步云谱发生了一些变化，将"真青"表述为"正色青"，其解释及歌诀亦有改动：

银丝透顶翅青金，黄项蓝毛铺满丁。

肉似鹅翎牙似玉，六足如霜洒青靛。

真青颜色泛无二，出俗超群独冠军。

纵使平肩头足短，虽非王子亦将军。

　　此虫出土：头如金漆，罩黑珍珠顶；青项上有兰花疙瘩；青金翅，鸣声洪大，纹如绉纱；肉白如霜，六足如玉洗而上洒青斑。配钢牙则虫王矣；配紫花钳或白牙，生相超群，亦属骁将；若配红牙则上将之列；配老米牙或糙米牙则为花色，不过次将军耳。

当代蛩家中，肖舟《蟋蟀秘经》沿用此说并命名为"正青"，将传统经谱之表述列为"真青"，表达了对古谱的尊重。但事实上似乎没有将"正青""真青"分列两种之必要，合二为一未尝不可。柏良先生谱则从古谱。

实例

青长衣

壬戌年（1922年） 产地宁阳 七厘四

此虫青头青项，青翅长衣，六腿圆长，淡白蠹牙，交锋时口快如电，更兼牙力最大，战败名虫甚多，所向无敌。曾上东平紫黄，一口即死；其星字大伏地、茂字墨牙黄暨紫青、泉字紫麻头，皆一时名虫也，威名远播，勇冠三秋，同人畏之。十月二十九日（大雪后九日也）打将军祭神，上永胜左搭翅。伊虫曾在天津打将军上桌，赢黄家现洋五十余元，名震天津。孰料被青长衣只一口，惊窜而逃，从此数十日再不敢开牙。

［按：恩溥臣命名多不严格，其所录光绪二十一年之"真青"，有"肉黑"之特点，故而并非真青，而系黑虫类。上文中"茂字墨牙黄暨紫青"之句，亦大有问题。墨牙黄归黄虫门，紫青归青虫门，斗丝色烙一黄一白，不难区分，却被合为一虫之异名，实为不当。

从描述看，此"青长衣"确系真青无疑，惟系长衣耳，但也无关乎色类命名，取之为例，亦不为过。惟此公描述多有夸张，云"永胜"此战后数十日再不敢张牙，夸张过甚，是战已是大雪后九日，当为阳历12月17日前后，此后数十日，岂不立春矣？］

真青

癸亥年（1923年）　八厘六

　　此虫头青圆大，麻络白纹，阔项如靛，青翅方厚，六腿圆长，牙如玉柱，勇健超群，真英虫耳。是秋所向无敌，力挫星字紫眉子，禄字黄单鞭，虎字红牙青，齘字红牙青，名冠一时。惟方壶斋杨广字爱之尤甚，托出多数至友相借。余碍于情面，不得已赠给。是日即颂曰宣武大将军。

战功录

　　八厘八　八月二十五日　上星字心爱名虫紫眉子（大牙）

　　八厘八　九月初五日　上禄字无敌名虫黄单鞭（一口昏。伊虫曾上吾紫大牙者，左牙被其咬折。其勇如此）

　　九　厘　九月十二日　上虎字好大像红牙青（好口。伊虫由天津购来，名虫价洋八元，广字苦胆破矣）

　　八厘六　十月初四日　上齘字红牙青（清口）

（以上两例录自近代恩溥臣《斗蟋随笔》）

2. 紫青（修订名：淡色紫青，重色紫青或茄皮青，紫头青）

紫青

琥珀头尖项紫青，翅如苏叶肉还青。

天生一对牙红紫，任君百战百场赢。

（录自明嘉靖《重刊订正秋虫谱》）

　　按照"紫青"之名理解，此处的"琥珀头"当系紫珀，与后面"翅如苏叶"相呼应。如系黄珀，则出现青、紫、黄三色，色系太杂，则属杂色矣。

　　苏叶的色泽淡紫，并非重色，加之头色如紫珀，所以此虫如果从皮色上看，则基本偏紫，刊刻于清代康熙晚期的金文锦《四生谱·促织经》就把紫青移到了紫虫门下。金文锦没有看过《秋虫谱》，仅见过《鼎新图像虫经》或周履靖《促织经》，后两个谱的一大问题就是都没能将《秋虫谱》的《五色看法重辨》以及各色类之总论收录进去，而这些内容却是所有歌诀的前提条件。此部分内容失录，导致金文锦全然不知道古人以斗丝色为主要依据的定色原则，以至于走向以皮色定色分类的歧路，而且影响及于后世。但乾隆刊本《蚟孙鉴》的作者朱从延是看过《秋虫谱》的，知道古谱的定名原则，故而仍将紫青划在青虫门。

其实朱从延对紫虫十分看重，此前古谱皆以青、黄、红、紫、白、黑为色类排列顺序，惟朱从延将之改为紫、青、黄、红、白、黑，将紫排在第一位。明代谱系中皆有《色盖论》，《秋虫谱·胜败释疑论》言："虫有青、黄、赤、白、黑之分，其色有次第，其才能亦次第为高下者，是以青胜乎黄，黄胜乎紫，紫胜乎白，白胜乎黑。"明代三谱皆用此说。但是《蚟孙鉴·定对诀》则改为："白不如黑，黑不如赤，赤不如黄，黄不如青，青不如紫。"推紫虫为第一，可知其对紫虫的重视程度。朱从延所处的乾

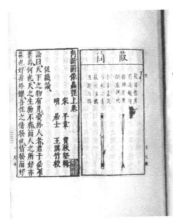

《鼎新图像虫经》
书影

定色　分类

隆时期是一个较为温暖的时期，他能有这样的认识离不开当时气候条件的因素，事涉何种虫色更得天时之助，但与我们当下定色的讨论关系不大。有关天时助虫色的情况，我将在今后有关"值年将军"研究的专著中加以详论。

回到定色。从歌诀描述的情形看，《秋虫谱》所录此"紫青"当系中色路的虫，而非重色虫，一直到李大翀都基本沿袭这个歌诀。但是古谱中也出现了一个歧路，出自明万历时期周履靖本《促织经》。周履靖谱显系审抄数种蟋蟀谱而成，故内容上前后矛盾之处不少，其色品品类中本身就有紫青，也照录《秋虫谱》歌诀，但其开篇新增《论色》一章，其中的《论紫青色》却有不同说法：

> 紫头青项背如龟，青不青兮紫不绯。
> 仔细看来茄子色，更兼腿大最为奇。

其实这个歌诀的变体后世一般用来表述"茄皮紫"，但是必得有红斗丝这个前提。周履靖此论如若加上细白斗丝这个要件，定为紫青亦未尝不可，却不是《秋虫谱》所说的中色路紫青，而系重色虫，当另外命名。周履靖《促织经》流传较广，对后世影响很大。严步云《珍本蟋蟀谱》大约是受了周履靖的影响，也将紫青归为重色虫：

> 紫头青项乌金翅，六足如霜肉色紫。
> 若配红牙勇绝伦，霜降之前谁敢敌。

严步云谱所云之"紫青"，乃是于重色青虫基础上，将头色、肉色置换为紫，得为紫青。这在间色原则上没问题，紫绒肉之虫也算常见，单纯紫背之类常能见到。此歌诀所述似可定名为"紫头青"，其实与宁阳所产

"琥珀青"相类，大致属于一类。

我们从间色原则上理解，是可以有重色紫青的。比如常能见到一类重色虫，青底，但一身紫气非常明显，大致符合周履靖"青不青兮紫不绯"之论。如果是红斗丝，则为紫虫无疑。若斗丝为银斗丝或清白斗丝，副斗丝丝形有完整的也有不完整的，有的甚至就是单耳环，则此虫不能定为紫虫，原因在于它不具备"紫虫必得红脑线"这个要件，因而仍当归为青门，似可定为"重色紫青"，以区别于一般古谱上所认定的中色路紫青。

故"紫青"一名在传统经谱中有三种不同的内涵表述，如若名列青虫门，则当以白斗丝为前置条件，似可分别命名淡色紫青、重色紫青（或茄皮青）、紫头青（均为间色虫）：

淡色紫青

琥珀头尖项紫青，翅如苏叶肉还青。

天生一对牙红紫，任君百战百场赢。

（录自明嘉靖《重刊订正秋虫谱》）

重色紫青（或茄皮青）

紫头青项背如龟，青不青兮紫不绯。

仔细看来茄子色，更兼腿大最为奇。

（录自明周履靖《促织经》）

紫头青

紫头青项乌金翅，六足如霜肉色紫。

若配红牙勇绝伦，霜降之前谁敢敌。

（录自严步云《珍本蟋蟀谱》）

青虫中常有一种，虽整皮青色，或略带紫气，或不带紫气，斗丝为银、白斗丝，但副斗丝丝形是括号状，或副斗丝丝形内边不连环，犹如紫虫之典型丝形。这类虫有些玩家会划归紫虫类，实则仍当归为青虫门，不过是暗中间有紫虫因素而已，可称为"暗紫青"。此类与皮色间有他色的间色虫一样，也属于间色虫。之所以称之为"暗×"，乃是因为其所间之色，在皮色、肉色上不显，而暗藏于副斗丝之中。

其他色类有类似情形，亦可按此例处理分类命名，当无误。

实例

银牙白脚紫

此紫青也。大方头，阔青项，生体方幅，六足特长，白如灯草，头皮微紫，细白斗丝光而隐沉，迥异青虫；白牙粗长如米，壳老声洪，白肉白尾，翅色较虾青稍浅，力大逾恒，笼形莫占，实系间色之虫，杭人独美其名曰"银牙白脚紫"。

（录自清秦子惠《功虫录》）

［按：秦子惠命名本身就有问题，标题为"银牙白脚紫"，但正文开头即声称"此紫青也"。此虫"六足特长，白如灯草……白肉白尾"，显然与紫虫的斑腿相异，且为细白斗丝，为青虫无疑，当系淡色紫青。其与古谱所述不同之处在于翅色淡青而非苏叶之淡紫色，但也无非是青多紫少而已。因有紫头在，命名为"淡色紫青"亦无妨，其实亦带有"紫头青"的意思。］

天独紫大头

26点,2005年杭州王凯平先生获于宁阳

此虫浓紫色大头，白斗丝，白牙红光内镶黑边，翅色浓重（属烂衣类），

独腿密布紫斑，笼形大。于顶级赛事中胜 16 场，属虫王级斗蟋。

（录自《中华蟹家斗蟋精要·南贤论将·近代功虫录》）

［按：此虫虽有紫大头、腿密布紫斑等因素，具足紫虫特点，但因有白斗丝这个要件在，不能归为紫虫门，仍当为青虫，系紫虫与青虫的间色，紫多青少而已，可谓"重色紫青"。］

3. 黑青（附：乌青、重青）

黑青

黑青翅黑黑如漆，仔细看来无别色。

更兼牙肉白如银，名号将军为第一。

黑青增释：此虫黑头、黑项、黑翅，或黑项发白毛者有之。顶上细线透顶，白肉白牙，位在真青之次，即遇紫黄，未知鹿死谁手。

（录自明嘉靖《重刊订正秋虫谱》）

黑青如果从面上看基本属于纯黑，《秋虫谱》之所以将其列入青虫门，主要就在于此虫白肉。这在后世被误解很大，后世中有的谱称之为"粉底皂靴"，这没问题，但划归黑虫门，这个误录始于周履靖之《促织经》，其《论真黑色》歌诀，所用即是此《秋虫谱》之"黑青"歌诀。至乾隆时期朱从延《蚰孙鉴》则直接将此歌诀标为了"真黑"，而将《秋虫谱》之"真黑"条下歌诀录于此"黑青"条下，正好颠倒了。这个错误究竟是原作者朱从延所为，还是补刻重刊时庄乐耕、林田九所为？看不到朱从延本人原刻本不好妄议。但此误录却贻害不浅，混淆了青与黑的基本区别。

严步云谱基本沿袭《秋虫谱》内容，惟将此虫加上了黄额线，也问题不大，以定色命名而论，无关宏旨；但色烙纯度则不及白额线者，锐度有所降低，所适应的气候范围有所扩大。

自《鼎新图像虫经》始,以"乌青"之名替代"真黑"统领黑虫门,系混淆视听的大错误,导致了后世黑与青的混乱。而其所用歌诀却是《秋虫谱》中"真黑"条下歌诀。故"乌青"之名仍当回归青虫门,与黑青相类。两者的区别在于乌青到死也浑身无光,含蓄内敛,强调一个"乌"字;黑青则强调与黑虫门的间色,腿斑较重而密集,黑背白肚。倘若黑青肉色再出现黑绒肉,则为黑虫矣。黑青上盖有光感,但也是光感内敛者为上,水光者多为寒湿之相,不取。

至于"重青",古谱中出现较晚,康熙时金文锦《四生谱·促织经》、乾隆本《蚟孙鉴》乃至咸丰时的著述——石莲本《蟋蟀秘要》,皆不曾提及。及至秦子惠著《功虫录》,开创了实录体例,才提到"重青"之名。但看不出秦子惠区分重青与黑青的标准,其《王孙经补遗》也未对此问题予以说明。

李大翀《蟋蟀谱》存"黑青"而不录"重青"。严步云谱始录"重青",列为品种,云:"重青出土与真青相似,惟六足无青斑。"肖舟《蟋蟀秘经》从之。但以今日之理解,此名目既是强调"重青",自当色烙较真青之饱和度要高,似当介于真青与黑青之间。但其特点"六足无青斑",却是比较严格的条件,与黑青还是有区别(区别在于此虫完全不与黑虫门间色,腿白无斑)。

黑青、乌青、重青皆为重色虫,但依然要求顶门能与脑盖分色为好,即便色烙难以区分,也要以光感区分开,顶门光感会强一些。倘若顶门、脑盖完全不能区分,不免有色浑之嫌。

实例

白牙重青

光绪六年（1880年） 八厘

深头阔项，眼角极起，乌金头皮，细白斗丝透顶。生体极短极厚，肉身绒细，腿脚浑长，翅黑如元缎，鸣声洪亮，竖翅如篷。老白牙，长尖无黑爪，合钳最捷，力大于身，屡次饶码，未曾对夹。冬至日斗吟秀旗号之坐舱，时滴水成冻，两将独健若早秋。只一合钳，敌虫已落盆无芡。一时从壁上观者，无不交口赞扬，称为杭虫中极品。

［按:《功虫录》也曾以"真黑青"之名著录过一头蟋蟀，为道光十七年（1837年）之无锡虫。但从其著录看，有"翅色纯紫""黑绒肉"等描述，似乎并不典型，似为黑虫与紫虫的间色虫。反不及此"白牙重青"典型。］

白牙重青

光绪十四年（1888年） 八厘

深头阔项，腰背丰隆，乌金头皮，糙白麻路，糯米白牙，乌金翅，微带蓝光，较之雨过天青似觉稍逊，腿脚圆劲，尾细而长，性最猛烈，每一着芡，即奔放冲夺，如怒马之不受羁勒，临阵交锋，一冲即胜。曾于浙江峡石镇遇一名将，两相冲击，被咬住一腿，盘旋久之，甫一合钳，敌虫跳跃几毙，其时已在深汤，养不数日，腿竟落去，盖因性躁以致受伤，然其勇猛诚为无敌。

（以上两例录自清秦子惠《功虫录》）

4. 淡青

淡青

淡青生来牙要红，头麻项阔翅玲珑。

更须肉腿如银白，胜尽秋虫独奏功。

（录自明嘉靖《重刊订正秋虫谱》）

我们从字面理解，淡青属于淡色虫，是纯色青虫中色烙较淡的一种虫。虽然此歌诀没有提及头色、翅色，也应当理解为整皮青色，只是色烙较淡而已。万历本《鼎新图像虫经》、康熙本金文锦《四生谱·促织经》、乾隆本朱从延《蚟孙鉴》皆从此歌诀而无改动。万历本周履靖《促织经》之《论色》亦从此说，但问题仍然是周履靖引出的，其新增《论淡青色》歌诀云：

头紫葡萄项掺青，正身厚阔似鸦明。

壳纹淡薄轻银翅，斗着交锋速便赢。

周履靖之论似指此虫间有紫色，而翅色却为银白，实与淡青之名不相符，却与淡色紫青或淡色紫头青接近，最准确的表述应为"紫头银背青"。前面所录秦子惠"银牙白脚紫"正可做此虫注脚或实例。近代严步云《珍本蟋蟀谱》舍主流之论不录，基本沿袭了周履靖《论淡青色》内容，并发展为两种，但亦混乱不堪，乃至将红丝银翅、黄翅紫绒项这两类引入，皆与"淡青"之意差异过大，名不副实，实当另外命名，未可以"淡青"名之。淡青之名仍当依循《秋虫谱》所论。总之，淡青为单色虫、正色虫、纯色虫。

淡青者，玩家多推红牙者为上，亦存道理。前面我们提过厥阴风木的时相，在这里也可以利用这个方式来理解以上所述几种青虫的阴阳属性以及阳气的多寡。从大自然的节令来看，从大寒转入厥阴风木，历立春、雨水、惊蛰，至春分日终，转入少阴君火；少阴君火从太阳直射赤道的春分日始，历清明、谷雨、立夏，止于小满。少阴君火所主的时段实为春夏之交的一个阶段，于虫色可以理解为淡色紫（有关论述我在《解读蟋蟀》一书中有过专门讨论，此处不再详述）。此后从小满转入少阳相火，历芒种、夏至、小暑，止于大暑，是为纯夏，此时段喻虫色可以理解为红。可以看到，这是阳气不断增强的一个过程。单从厥阴风木时段看，是从冬到初春的一个历程，以得阳气多寡来理解，则为黑青—真青—淡青—淡色紫青（重色紫青我们将在紫虫一章中讨论）。淡色紫青已然开始具备紫的一些生相，直至斗丝色转为紫或红，则为紫虫矣。如此展开排列，有心得的虫友当有会心之处。淡青配红牙，实有自然机理在。

实例

冠勇大元帅大红牙

壬戌年（1922年）　山东济南　八厘八　隆福寺　小陈

此虫头大、足圆、项阔，形方体厚，腿长，遍身淡青，血红蕊牙，骁勇绝伦，力大无穷，口快轻捷，牙似纯钢，锋硬无敌，诸虫畏避，真英虫也。力挫星字有底名虫大白牙，本春青麻，吓坏升字薄皮黄等虫，又上广字上等名虫大像素黄麻者。伊虫曾上数盆，爱若珍宝，下盆时以为必上。勢料方一交锋，被大红牙一口，将素黄麻连腮带额咬碎。伊虫痛苦已极，数次耸身，摆脱不开，良久方由大红牙上将头摘出，而胆裂魂飞矣。在场同人皆曰：此真乃虫王也。解字曰：好厉害蛐蛐，好狠蛐蛐。从此威名大振，莫敢再与敌者，勇冠京师，威名远播，因年老腿残，于十月二十三日（大雪后三日也）恭祭虫王。颂曰：冠勇大元帅。贴喜字封盆大吉。十月二十八日（大雪后九日）荣终。

战功录

八厘四　八月初九日　上星字名虫青麻大白牙（口口香）

九厘四　八月二十五日　上本春青麻头（牙力大，好口）

九　厘　九月十四日　上广字黑青，升字薄皮黄（均吓走）

八厘八　九月二十四日　上广字大像素黄麻（将素黄麻头额咬破，惊怕在场同人）

（录自近代思溥臣《斗蟋随笔》）

〔按：是年八月初九为阳历 9 月 29 日，最后一场之九月二十四日为阳历 11 月 12 日。〕

5. 虾青

虾青

青头青项翅如金，肉腿生来白似银。

牙若细长苏木色，此虫入手不当轻。

虾青增释：虾青者如虾之青色，必须淡青头，淡青毛项，翅如虾壳，牙红、身长、背翘者，方真虾青也。

（录自明嘉靖《重刊订正秋虫谱》）

"虾青"指的是色，虾是指生虾，似当较"淡青"色烙更浅一些。"苏木"，民间俗称赤木、红柴，以此指红牙。背翘不如表述为背弓更好理解，也符合虾的形象。

周履靖《促织经》"论"的部分多不成体统，惟《论虾青色》论得有些意思：

有等名为虾壳青，比似青来翅不金。

不问牙钳白不白，须看项上有毛丁。

此节大约是要表明翅衣有色无光，且不带黄色，所谓"翅不金"。这个说法比较有意思，今日仍可采纳，作为对虾青的另一维度的理解。

康熙金文锦《四生谱·促织经》未敢擅改明谱，只有词句的变动，内容依旧采用《秋虫谱》《鼎新图像虫经》之内容。

乾隆本《蚟孙鉴》则直接称之为"生虾青"，指向更加明确，却生发出三则歌诀，除第一则歌诀与明谱基本相同外，又增两则：

其一

龟背虾青不宜红，腿脚俱长斗性浓。

头上金丝齐透顶，谁道似虾竟似龙。

［按：龟背形或弓背形都是好虫，但此节所述"金丝齐透顶"则已为黄虫矣，副斗丝也很可能是刀头形。如果此虫生相确如以上描述，已非青虫，似可命名为"生虾黄"，移列黄虫门。秦子惠《功虫录》中常见有青虫名下，却指为金丝透顶的情况，不知是否受此影响，实误。李大翀《蟋蟀谱》基本沿袭了这个歌诀，而置其他于不顾，亦误。今已不能采用，当弃。］

其二

有蜇名号是虾青，亦取银翅似明星。

休论白牙并黑嘴，最宜项上有毛丁。

［按：此虫色烙更淡，翅色为银色，又强调项上毛丁的重要，似有白虫门的迹象。但秦子惠的《王孙经补遗》晚于此谱，斯时尚无青门与白门之严格界定，大约此虫头色仍为虾青色，并非冰白色，故列于青虫门，不然也就直接列于白虫门了。但经秦子惠提出白虫斗丝标准后，我们今天再看，如果此虫斗丝扁白，则可直接归白虫门，称"生虾白"未尝不可。如若系银斗丝或清白

斗丝，称虾青已不足以表明其特点，当称为"银背青"。］

近代严步云谱所载"虾青"又有不同：

生虾非谓像其形，肉似青虾得其名。

配得银牙干且亮，登坛应拜上将军。

此虫出土如老靛色，肉如老青虾，配白牙为上，紫钳为佳，绛香牙次之，红牙又次也。

［按：严步云歌诀所述乃是因为此虫肉色如青虾，故而命名；却不管皮色，则命名体系又多出一种以肉色命名法矣，徒增混乱而不实用。］

靛色系一种深蓝色，倘如严步云所述，则当为"蓝青"之属，似与生虾青之名差异过大，名不副实。故其歌诀不能采用。

严步云何以如此描述"虾青"是个疑问。从古谱著录情况看，此虫有如此之描述大约是来自于秦子惠《功虫录·上卷》著录之"月白淡青"，出自同治七年（1868 年）：

短阔圆厚，身如甘蔗一节。头圆而绽，淡青头皮，微露一二分白气。斗丝细白，黑面红牙，蓝青项，沙毛特重，肉身绒细，腰背丰隆，肚腹肉鳞几不可辨。青金翅，声急而尖，周身蓝光笼罩。六足明净，尾细如发。中秋斗至深汤无敌。

但秦子惠对此虫定名实在是有误，未可因秦子惠名气大而为其误导。

正色"虾青"仍当以《秋虫谱》所录为准，为单色虫。

实例

虾青剑衣

六厘七　柏良1998年获于兖州新驿

此虫圆头结绽，复眼高凸，银白斗丝细直贯顶，橘黄色细眉线形横直。青砂项整皮茸厚，翅衣纹细严整成剑形，隐透湖底彩，即俗称的蜈蚣背色，紫红牙面黑竖纹明晰，开式线口。大腿长健，后足蹬长大。双尾修长茸细。疏蛉虫，蛉形硕大白净透明。白露破口，合牙快疾，一步一口，真若鸡啄米。敌虫被啄一二口便回头逃窜。此虫在济南小胜六场，转战沪杭大胜五局，曾斗败天津人转战沪杭的名将红牙青，亦是简捷取胜。立冬后僵立盆中。

评析：此虫色品上乘，干洁苍秀，大食不见节，始终无明显泛色，当年誉满沪杭。

（录自柏良《山东蟋蟀谱·新功虫录》）

[按：所谓"湖底彩""蜈蚣背"都是借物喻色，南北玩家习用术语不同而已。]

6. 蟹青

蟹青

俗号虫名湖蟹青，腿脚斑黄翅似金。

未看青头并紫脑，须教项上有毛丁。

蟹青增释：头如蟹壳青色，细白丝透顶，项毛燥，肉青长毛，身背横阔，腿腕上如血红，大红牙者是也。凡黑青、淡青、紫青、虾蟹青数种，惟让真青三舍，其余皆并驾齐驱，非有老嫩大小之别，即斗而致死，亦难为胜败。

（录自明嘉靖《重刊订正秋虫谱》）

此虫或青头或紫脑盖，淡青肉，黄翅，腿脚斑黄，惟斗丝色白，故仍列青虫门；如按皮色划分，则必然划归黄虫门。金文锦不知以斗丝定色之法，而改以体色为定名依据，故而难以接受此虫描述，于《四生谱·促织经》对此虫做了修改：

斑黄腿脚翅非金，最是闻名湖蟹青。

不看牙钳红与白，须观项上有毛丁。

此虫头青如蟹壳色，细丝透顶，身背阔大，腿腕上有血点者是也。

［按：金文锦只说细丝透顶，却不说斗丝色，显然不明斗丝色烙之用途；又回避体色，只言腿脚斑黄，乃是含糊其词之举。明谱之"翅似金"，有黄翅之嫌，明显不符合他以皮色命名的标准，他故而改为"翅非金"，也是费了心了，却不得要领。今日视之，此虫仍当以《秋虫谱》所述为准。但《秋虫谱》所述之蟹壳青如果将翅色理解为黄色，已不能视为纯色虫，当为青与黄的间色虫。当然，《秋虫谱》本意也未必一定如此，古谱常用金翅表达翅衣有金属光泽，但一般会加色烙做修饰，比如"青金翅""紫金翅"等等。此处未加修饰，或为黄色，不然与虾青色烙十分接近，不好区分。但从虫名以蟹壳命名来理解，翅色不大可能是黄色，仍当以湖蟹壳之青黄、青绿之混合色并带金属光泽来理解。倘歌诀采用金文锦《四生谱·促织经》所言，加上细白斗丝，则为单色虫。］

柏良先生言鲁地之"蟹壳青"青脑盖现湖蟹色，银白斗丝，青项，毛子厚，翅灰青色，白肉，白腿有青鱼鳞斑，红牙为佳，但白牙者居多，有"蟹青白牙无敌"之说，主要特点是项上多砂毛。腿腕有红斑者少。

实例

左翅蟹青

癸亥年（1923年）　八厘六　隆福寺　小王

此虫头大项阔，腰身浑厚，六腿圆长，牙钳蠢大，遍体蟹青色，更兼翅向左搭，真异虫也。交锋时未见搭牙，而敌虫身耸牙歪，逃窜败北矣。初斗时上瑞字勇虫黄麻，只一口，黄麻牙损而逃。善字曰：此虫真正蟹青，真快口。茂字、禄字等皆曰：好快口，好辣口，此虫今秋无挡。又于九月十二日在方壶斋上雅字名虫大像黄麻头，把式小魏曰：此虫真正蟹青，口快牙硬，乃明虫王也。广字托人购借，未肯相赠。其一字紫黄，雅秋黑青，如羊遇虎耳，是秋因无祭神处，乃于十一月十六日（冬至日也）恭祭虫王。颂曰：冠武大将军。贴喜字封盆大吉。　十一月二十七日荣终。

七绝二首以志威猛

头圆项阔真蟹青，左翅生成异奇形。
蠢大刚钳惊四座，将军口快迅如霆。

天生异品最英雄，遍体青青蠢牙红。
左翅威名传远播，三秋勇冠立奇功。

战功录

八厘九　八月二十八日　上瑞字勇虫黄麻（一口）
八厘八　九月十二日　上雅字大像黄麻头（口口香，有底名虫）
九　厘　九月十九日　上一字紫黄（一口，伊虫曾上数盆）
八厘二　十月十一日　上雅字黑青（一口）

（录自近代恩溥臣《斗蟋随笔》）

7. 青麻头

青麻头

麻头青项毛丁长，翅皱肉白始为良。

仍生一副牙红紫，三秋得胜喜非常。

青麻增释：凡青麻，额或一线，皆喜红牙。身阔厚不出节者为上。白牙、粗线、身狭长者，急弃之。

（录自明嘉靖《重刊订正秋虫谱》）

其实此虫是基于青虫基础之上的麻头。一般青虫要求细直透顶或细如游丝，但此虫的要求在于麻路纵横，有的竟至于满头丝占。至于《青麻增释》中所云"额或一线"，也只是青麻头中的一个特例，所谓"青麻带线，将军带箭"，系"银线青麻头"。粗额线并非青麻头必需的配置，只是不忌而已，抑或能提高一定的战斗力。之所以特别指出来，乃是因为除少数几种外，一般虫配粗额线多不能成将。虫谱中常常提及反生虫，所谓金斗丝银额线、银斗丝金额线，谓之出凶。但不适用于此虫，青麻头如若配黄额线，已非纯色，反而不佳，有间色的成分，其锐度降低不少。

"一线"之说本系一个特点，肖舟先生《蟋蟀秘经》曾收录，归为异虫类：

重青头上一条线，两个牙钳似白练。

项阔腰圆腿浑长，来虫交口便打旋。

最忌生成诸浅色，空有佳名不足选。

黑青青黑并深紫，敌了三秋还争先。

一线俗称粗眉毛，即额线粗也，如浅色得之无用，深色之虫得之不忌，反而凶猛者甚多，而以重青得之为上，俗谚说"重青带线，将军带箭""墨黑一条线，诸虫不敢见"，就是指的一线。

［按：肖舟先生歌诀中并非仅指重青，青黑、重紫等重色虫皆不忌，其按语则指出重青一线尤其是名品。重青一线，也有些虫友习惯称为"银线青"。］

严步云谱对青麻则要求必得是青翅，这倒是基本的要求。

青麻头当列正色虫。

麻头于各色中皆有，仅麻头一项，生相上已是高品，至于蟋蟀为什么有的显出麻路，而多数不显，余缺乏解剖学的知识，不敢妄解。不过，生有麻路者确能出斗却是经验事实，《秋虫谱》将五色麻头于色品之外单列，虽用意不明，但提请读者重视却是明显的，乃至后来虫家将紫麻头列为虫王级别。其实各色麻头如果色正，又与值年气候相配，多能放大斗，甚至成为虫王。

实例

白麻青

七厘二　刘冠三先生获于济南西郊魏化庄

此虫大圆头，蟹壳色，白斗丝，麻路细密，两腮横突，方项青底白砂，翅色纯青，背腹茸细，六足圆健。粗须修尾，身形方厚，紫脸玉柱大牙，开式线口拄地。白露试口时即一击而捷，此虫在斗场上所遇名虫8条，均是合牙即胜，故虫无敢回首者。在南京夺取了"重阳旗"。是役，白麻青战扬州名将乌头金翅，两虫交牙即是双合，松口后乌头金翅左须死僵，身被咬转。台下观战者众，皆惊叹鲁虫口辣。此虫长寿，用暖中尤神灵步巧。大雪后七日踞僵于盆中，须尾无伤分毫。

（录自柏良《秋战韬略·新功虫录》）

［按：此事乃是民国年间事，事在第二次世界大战之前，以五运六气推

之，倘白麻、白牙青占尽先机，则当为壬申之 1932 年或丙子之 1936 年。南方虫友亦有于博文中记此事者：

传闻南北群雄在宁争夺"重阳旗"的最后一局，北方玩虫大家刘先生一条真青白牙，据讲此虫在当地没有一条蛐蛐能进入它的牙门，碰牙即走，可称无敌。南方金子号一条黑紫红麻，长得紧皮紧骨，一对红牙无虫可挡。在场上极少有两王相斗，黑紫红麻先发一口如千斤重，真青白牙嘴里还夹，一个分交口，两虫双木。真青白牙芟草有牙，但未能上前碰面；黑紫红麻芟牙无情，仅以半口之差落败。一面"重阳旗"花落北方。

柏良先生系刘冠三入室弟子，所记亦是刘冠三先生亲述。南方虫家所传，亦未必不真，牵涉斗场气氛、环境、光线，对虫色看法不一也属正常。但南方养家对自己的虫应当所知最详，或更可信。至于局面描述有出入，都是玩虫的人，对这类情感倾向性导致的理解不同都可以理解。倘以南方虫家所述为准，以"黑紫红麻"理解扬州虫，如果是年除青虫之外，紫虫红麻亦属上品之列，则事在壬申之年，即 1932。倘若扬州虫如刘冠三所述，确为乌头金翅，是年黑虫亦属高品之列，则事在丙子年（1936 年）的可能性较大。如是，"白麻青"当系白麻头，斗丝亦当扁平或纯白，而非银斗丝之青麻头。刘冠三先生将己虫定为"白麻青"则大有道理。]

8. 青金翅（金翅青）

青金翅

麻头青项翅如金，肉腿如同银打成。

牙若更加如血红，胜尽诸人匣内金。

（录自明嘉靖《重刊订正秋虫谱》）

此虫提到的要点有三个：一个是麻头，一个是"翅如金"，再一个是肉、腿如银。

　　"翅如金"这种表述在同书中黑虫门之"乌头金翅"歌诀中也曾出现："乌头青项翅如金"，指的显然是黄金翅。这样就出现了两种理解，一种可以理解为金色，也就是黄翅；一种也可以理解为青翅而有明显的金属光泽，所谓"青金翅"。这两者各有优长，青金翅为纯色虫，在当令之年锐度较高；黄金翅者则为间色，适合两种气候年景，锐度虽有所降低，但出将的年份较青金翅宽泛。如果"青金翅"就是指单色青虫的话，与真青差异不大，又何必拉出单列呢？这是古谱歌诀体言之不明而引起歧义的地方。以今日而言，亦不妨以两种情形命名："青金翅"用以表述纯色虫，但翅色明显有金属光泽者；倘若是黄金翅，不妨以"金翅青"名之。

　　应当注意的是，这个描述当系成熟后的面貌，并非早秋即如此。早秋如若翅色很明，则多为废虫。很多人花了大量冤枉钱在这上面，原因在于受到了图谱、照片等材料的干扰。蟋蟀在不同生命时段的形态、颜色不同，而读者看到的基本都是蟋蟀到龄时的照片，因为斗得好，所以留了照。但问题是早秋收虫时，此虫断非此面貌。如若早秋即已此貌，衰老可期，弃之可也。且蟋蟀颜色受光线条件影响，照片本身就有一定的走色，再加印刷偏色，很难反映佳虫的实际色烙。读者能看到的早已面目全非，反不及只用语言表述来得可靠。这也是我不喜欢编纂图片类蟋蟀书的一个重要因素，生怕误导初学者。

　　也可以说，青金翅与青麻一线都是青虫中值得单列的亚种，但青金翅最好与尖翅配合。当然，后来也有将青尖翅单列一个品种的，区别在于青尖翅并不要求一定是麻头，一般白斗丝即可。两者如若结合，出将率则明显提高，至少可列将军级。在青虫值年的年景下，有出虫王的可能。青金翅若以青翅带金属光泽来理解，当为正色虫。至于是不是一定要求麻头，也可商榷。

実例

骁猛大虫王青金翅

癸亥年(1923年)七月二十九日　山东宁阳　九厘　隆福寺　文阔亭

此虫头魁项阔，腰身圆厚，六腿长大，遍体青金色，两牙蠢大，坚硬异常，口快轻捷，骁猛无敌，名冠三秋，真英虫耳。初斗时上星字心爱名虫马蜂黄者，未见搭牙，而马蜂黄身窜奔逃，星字曰：未见口，吾虫欠铃子，可再接斗紫青。孰料紫青开牙，方一碰，即逃奔辟易。星字又曰：今日真怪，好口蛐蛐为何不咬？又良久，乃曰：吾马蜂黄方下铃子，又开口矣。于是又斗马蜂黄，开牙猛扑，被青金翅只半口，又惊窜矣。茂卿曰：此虫真好，今秋无挡矣。因过铃子损坏铃兜，未敢多斗。虽然带病，神气甚旺，于九月十五日上星字镇盆第一名虫大像紫黄，伊虫曾上凯字青麻头，又上吾名虫黑尖翅，皆未敢入牙即败。孰料被青金翅一口咬成坐墩，许久方将牙逃出，须坏牙歪，险些死于盆内。观斗诸人为之哄堂喝彩，皆曰：好厉害青金背子，好硬牙钳。此真虫王也。其齒字名虫红牙青，未斗时在场诸人皆捧红牙青，外局重重，及至交口，红牙青竟未敢入牙而逃窜矣。局中诸人皆曰：此虫牙大铁硬，惜红牙青不走字，遇见虫王耳。因铃兜有病，于九月二十五日恭祭虫王。颂曰：骁猛大虫王。贴喜字封盆大吉。十月十一日荣终。

战功录

九　厘　八月十九日　上星字名虫马蜂黄（清口。又贯紫青、马蜂黄，仍清口）

九厘四　九月十五日　上星字七盆名虫紫黄大像（一口咬坏，伊虫曾上凯字青麻头、吾之勇虫紫黑尖翅）

九厘四　九月十九日　上齒字黑青（又名红牙青、火牙）

（录自近代恩溥臣《斗蟋随笔》）

9. 鸦青

鸦青

首尾分明黑漆光，白银腿脚皂衣裳。

肚皮六足犹如玉，相闻英雄胜虎狼。

（首见于清朱从延《蟋孙鉴》）

　　所谓"鸦青"，乃指乌鸦色。歌诀所云"黑漆光"，似与黑青类似，但又何必单列呢？而后世谱中有"鸣声似鸦"之说。乌鸦叫声是形容鸣声暗哑而缓慢，为黄虫的鸣叫特点。青虫而能得黄叫，似其父本或母本中必有一个为黄虫，当系暗间色，即与黄虫的间色，只是青显、黄隐而已。故鸦青中带有一定比例的黄虫的特点，或额线偏黄，或斗丝略感粗浮。

　　柏良先生《山东蟋蟀谱》云此虫：

　　此虫初似重青色，银丝银牙雪花肚腹，白腿布青花斑，青翅随秋深渐泛红光，鸣声如鸦啼，行动文静而威武，故又称文青。鲁中肥城周围产区多此类，相选重点是大头大牙者斗中秋，大三停匹配匀称者斗深秋。

　　[按：柏良先生此论当出自养斗实践，值得重视。]

　　严步云谱则不提后秋翅色随秋深泛红：

　　此虫出土似重青，足肉俱白，鸣声洪大而缓，其声如鸦得名，步履端庄，稳重不跳，又名文青。配银牙合水木逢金，削而成栋梁，得五行逆合之气；次则红牙得五行木火通之明局，主早打；配白牙则晚成，可以到冬，亦佳品也。

　　歌曰：

鸦青品格不寻常，武斗文行勇内藏。

配得银牙成逆合，斧削方能成栋梁。

[按：严步云谱所论早斗晚斗，亦存道理，虫友须通过实战验证、体会。但也不必拘泥，是否可战，早斗还是晚斗，仍当依据具体的蟋蟀个体所展现出的成熟迹象而定。蟋蟀出土时间有差异，出土地域有差异，豢养环境、温度有差异，土中是否结过蛉亦有差异，且养家配雌早晚、配雌方式各有不同，虫的成熟进境自然随之各有不同，未可先入为主，拘泥成说，何时出战当以实际情况而定。]

10. 白青、老白青（附：黄头白青、乌背老白青）

白青

白青色艳宛如花，红白牙钳并可夸。
只要腿长青项阔，深秋健斗永无差。

（首见于清朱从延《蚟孙鉴》）

歌诀首句"白青色艳宛如花"，让人困惑。花当然有各种颜色，但既是"色艳"，则不当以白来理解，至少是粉红吧。白青何以色艳，竟至于"如花"呢？这是有疑问的地方。

通常的理解，间色虫的命名，其前缀主要用于表达所间之色，比如黑青、生虾青，无非状色而已。既然能有熟虾青，《蚟孙鉴》"白青"之歌诀所述，命名"桃花青"又有何不可？度著者之意，大约与"白蛩以血色为贵"的认识有关。其实，《蚟孙鉴》所提到的这种生相的白青，很可能是白虫门之一种，其斗丝当系扁白斗丝，只是项色青而已。因为此谱早于秦子惠，斯时虫界尚没有建立通过扁白斗丝区别白与青的方式，故而白与青混杂不清。不过思路上是在表达此虫系白虫与青虫的间色或混色，因其项青，故而列于青虫门。其实我们今日看来，可能谱中所述之虫或当命名为

"青项白"，归白虫门。总之，正度白青不当以"艳宛如花"表述，当修正。秦子惠深受《蚟孙鉴》影响，故在《功虫录》中多将海棠花色头皮者命名为白青，也有的则归作白门之虫，其间区别却不明显，这是秦子惠交代不够清楚的地方。但秦子惠的影响在南方玩家中一直延续至今。

严步云或感此说不妥，遂做改动：

白青：此虫出土，色黑焦枯，青金脑盖，肉色、六足俱白，秋分渐生白光罩体，翅色如银；配红牙、紫花钳或绛香牙，则为上品；形相足备，可称将军。若生老米牙亦上将也。

歌曰：

> 白青出土焦枯色，脑盖犹如蓝宝石。
> 寒露来时白雾升，若配红牙为第一。

[按：当代蜇家肖舟先生《蟋蟀秘经》同意此说；柏良先生《山东蟋蟀谱》亦录此说，并进一步点明鲁虫中宁津一带红牙、宁阳一带白牙为宜。]

但严谱歌诀所云"脑盖犹如蓝宝石"，则未必。此虫脑盖未必非要蓝宝石色不可，暗白脑盖或淡青脑盖泛白皆可视为白青。《蚟孙鉴》论青门曾言及："或有头项及翅，原系白色，上罩青色，是为真白青。"《蚟孙鉴》歌诀所述何以与其持论如此不符，可能和经历过补刻重刊有关。我们今天看到的是庄乐耕和林田九补刻本，与原本面貌或有差异，但从定色原则来看，《蚟孙鉴》的这个"论"较为实际。

"白青"之认定，应当回到正度白与正度青的间色，或青多白少，或白多青少，皆无碍，但终归要以青虫为底。故斗丝并非扁白，而系游丝状或细直清白斗丝，即可以"白青"名之。除《蚟孙鉴》所云"或有头项及翅，原系白色，上罩青色，是为真白青"之外，极淡色青虫整体罩白粉或白光，亦可以"白青"视之。这种正度青与正度白间色而产生的"白青"，常常能阔半草，中后秋成将。而斗丝扁白者当为"青白"，属白虫门。

老白青

黄麻头样白青行，老白青名传古杭。

头不见麻惟迥别，色非纯白带微黄。

项须翅腿皆敦厚，遍体黄浮浓少光。

一对红牙能健敌，牙白体阔品方良。

（首见于民国李大翀《蟋蟀谱》）

"老白青"之名不见于传世之古谱。李大翀谱著录之老白青，似有所本，只为杭州所传；杭州虫友也的确习惯将这类虫称为"黄头老白青"。但李大翀未有明确的定色原则，所以也很难判断此虫的斗丝情况。

如果确如歌诀所云，既是"黄麻头样"，又"遍体黄浮浓少光"，则归为黄虫门，或可命名为"淡青白黄"。如果斗丝色白而扁，则归白虫门，可称为"老黄白"；如果是细白斗丝，确为青虫门，则称为"淡黄青"又有何不可？如果是最后一种情况，以尊重传统计，仍称为"老白青"亦可，但必须具备银斗丝或清白斗丝这个前提。即便这样，此虫已为黄虫与青虫的间色虫，又与白何干？或可以"老白化黄"搪塞，但终归定名不太准确。

当代蛩家中，也都认为古谱所录不妥，多有调整。肖舟先生谱单列了"草色白青"；上海李嘉春先生《蟋蟀的养斗技巧》修改了此虫的内涵，分解为"黄头白青"与"乌背老白青"：

黄头白青：此虫出土黑脸黄头黄脑盖，清白斗丝细直贯顶，蓝项淡金翅，白肉白六足，宜配干老红牙。

乌背老白青：此虫出土黑头黑脸白脑盖，银白扁斗丝贯顶，乌黑金翅闪闪光亮，肉如青灰色，六足白如霜，宜配老黄钳，红牙次之。

[按：李嘉春先生在当代老蛩家中，坚持以斗丝为定色依据，持律最严。"黄头白青"中所作修改，将黄麻改为了清白斗丝，甚是妥当。但问题仍然是"白"在哪儿。由此大家可以看到习惯是一个多大的力量，"老白青"之名沿用已久，大家都明白名不副实，但即便知道古谱明显有错，也不敢擅改古谱，以免招致非议。但是进步就产生于对错误的不断修正，一味因循旧错，何谈进步和发展？其实，不如将"黄头白青"直接改名为"黄头青"；如果翅衣亦黄，可以直接称为"黄青"，表达的是黄与青的间色虫。因有清白斗丝在，故底色为青，仍归青虫门。

李嘉春谱"乌背老白青"所述，因有扁白斗丝，故当列于白虫门，命为"乌背老青白"。"青白"与"白青"，分属不同色类，不可不察。如若以"肉如青灰色，六足白如霜"有别于白门，则斗丝似乎当改回普通清白斗丝，而不当以扁白论。李嘉春先生于定色标准方面属于少见的能一以贯之的蛩家，此处却是先生少有的含混之处。]

另外，《鼎新图像虫经》、周履靖《促织经》中都曾著录了一种叫作"黑色白"的品种，只描述了"翅如海狮搔样"（以今日理解，即为大头尖尾梢，农民常表述为"锥子把"），但对色品生相却未做详细描述，当系白虫门特点明显而又色黑者。其实李嘉春谱"乌背老白青"的描述——黑头黑脸，白脑盖，扁白斗丝，六足白，乌背，似正可理解为"黑色白"，黑白各半；当然也可以进一步拓展为"腿脚斑狸肉带黑"，黑多白少。只是它当归为白虫门，而非青虫门。

实例

白青麻

光绪十二年（1886年）　四厘

白蜡麻头，蓝青项，糙白斗丝，麻路如丝瓜络，布满头上，黑面红钳，平头直项，腰背阔圆，尾尖而有肉，仿佛合船形，白肉白腿，颜色极足，毫无娇艳嫩光。因厘码太轻，不甚爱惜，早秋即以出斗，直至结冬，约斗二十栅，所向无前。可见五色诸虫，无论何时出土，但得肉身干结，皮壳苍老，虽欠喂养工夫，已是胜人一等，谁云淡虫不可以早斗也。

（录自清秦子惠《功虫录》）

〔按：秦子惠之见解多来自《蚟孙鉴》，并深受此书影响，故而《功虫录》所录"白青"大多符合《蚟孙鉴》所录歌诀，基本是淡红头皮者。以光绪十一年（1885年）所出为例，是年共著录佳虫11条，其中与白青有关者有"蓝项白青""白青大头""黑砂白青""金背白青"4条，多记录为"珊瑚头皮""海棠头皮"。是年岁在乙酉，从五运六气看，金运不及，六气为阳明燥金司天、少阴君火在泉，火性影响很明显。阳明燥金对应的是白，少阴君火对应的则为紫、红，反映到蟋蟀上，红白兼具。但是年毕竟金运不及，下半年受火气所克，白色鲜明者远不及紫色明显者。从一般间色原则来理解和命名，以"赤头青""赤头白"命名未尝不可。

本文所选实例出自光绪十二年，是为丙戌年，运气情形与上年有所不同，寒水运太过，太阳寒水司天，太阴湿土在泉。反映在蟋蟀佳品上，则火色少见，重色虫较为出斗。言及此处，可以顺便说一个话题。有虫坛师友命我在编纂此谱时顺便评析各色类之品级，因为古谱也常常有这类言论。但我认为很难不设年景气候之前提，而抽象出来空论色品品级，我甚至觉得这个命题不成立。在冷兵器时代，人类战争也讲究天时地利，简单举例，比如对阵双方一方顺风、一方逆风，如果当日尘沙飞扬，逆风一方眼都睁不开，何谈战力？诸葛孔明一生常用火攻取胜，必得有适合的风向为前提和助力，不然反为其害。赤壁大战在即，周瑜为旗角拂面，忽然吐血，跌下马来，实则是因为他忽然意识到了冬日里多是西北风，而己方恰在下风口，原定的火攻之策万难实现，实是违了天时，才引出诸葛孔明借东风之举。蟋蟀得天地之灵气，其先天禀赋、后天领受，无不与大自然的气息相关，有些来自遗传，有些来自小地形所构成的局部气息，而生成其色。待得出斗，倘运气好，其色烙得五运六气相助，则有较佳表现；相逆则为害，其理甚明。这也是从长时段考量，诸色之中皆出将军，乃至间色亦有虫王的原因。故而笔者认为，仅以色品而言，不存在超越气候条件（天时）的固有品级，一切因乎能否与当年的气候条件相匹配。在某个设定的年景（气候条件）下，才可以讨论色品的优劣和出将概率，才可以讨论色品品级问题。而且，色品因素也仅是蟋蟀成将的因素之一，并非惟一。]

11. 灰青

灰青

灰青色里显青金，项饱头圆乃得真。
更若腿长牙红白，秋场得彩不须论。

颜色如灰不耐看，灰头灰项欠新鲜。
只因翅黑牙长白，相斗高强值万金。

（首见于清朱从延《蟋孙鉴》）

　　两首歌诀指的是两种情况，还是互为补充？情况不明。从原书体例上看，似是指两种情况。稍晚，咸丰石莲本《蟋蟀秘要》只录了第二首。但是"翅黑"之说却与"颜色如灰"不合，歌诀中"颜色如灰"似指头色、项色、肉色。

我们今日理解，此虫既以灰色修饰青，则灰色调应是通体皆有，而不仅仅是头、项、肉。重点在于如何理解灰，严步云谱做了修订：

> 灰青出土纸钱灰，顶气似珠头隐漆。
> 花色牙儿亦可留，若配紫钳非易得。

灰青出土时，色如纸钱灰，银斗丝金抹额，肉足皆白，交寒露时翅色如银。配紫花钳、紫绛香牙方妙；配白牙为顺色，反不美。

[按：严步云谱所云较为符合实际，但此虫未必一定金抹额，白额线亦可，不影响定色命名。]

实例

灰青八壳

七厘五　上海刘文斌1998年获于宁津

初获此虫时虫色朦胧，项泛土色。于秋分当日在盆中再蜕皮。其形宏色淡，呈整齐灰青色。青金头皮银斗丝，开花麻头。灰青项，银灰翅衣玲珑，鸣声洪亮。灰青背银肚，弓背大腰，白腿青斑，一副亮红獠牙，双尾玉色修长。此虫自试斗始，从无虫进口交牙。斗盆中屡战皆是敌虫闻其鸣声便爬墙欲逃，真虫王也。因无虫敢进口交牙，时时被人疑为"药水虫"，在斗场上说不清楚。此虫长寿，大雪之后方僵盆中。

（录自柏良《山东蟋蟀谱》）

[按：灰青通体皆灰，今日宁阳产区尚能见到。十数年前，余初学玩虫时，随柏良先生在宁阳黑风口收虫，见过一条。系柏良先生一老友法先生收得，欲出让。柏良先生与法先生交厚，若要，法先生断然不肯收钱。柏良先生知此老友经济困难，不肯坏人家生意，遂推荐给我。余当日初玩没几年，

读谱不精，见此虫虫体略窄，色类亦不好看，就没留。秋后得知，此虫在上海战绩极佳。实为余见识浅薄，错过佳虫。]

12. 白牙青（附：银背青）

白牙青

紫头银线项青毛，银牙白脚绝伦高。

可奈秋风萧索处，自然勇力不相饶。

（首见于明周履靖《促织经》）

周履靖之《促织经》系窜抄数谱而成，"白牙青"不见于此前的《秋虫谱》和《鼎新图像虫经》，当有另外的来源。此歌诀所述基本不为后世认同，其原因在于：青虫以白斗丝、白肉、青项、青翅为正，青、白二色是其基色，或称正色。"白牙青"因其牙色亦白，可谓种气纯正之正色青虫，加上紫头则有间色之嫌。虽歌诀未曾提及项色、皮色，但大致可以视为"紫头青"，与蛩家的基本期望值不符。故而至乾隆时期朱从延著《蚟孙鉴》，则将此歌诀略加改动，改为红牙，转赠了"红牙青"，说起来也还有一些道理。而"白牙青"则另起炉灶：

青头毛项翅如银，六足生来总出群。

粉壁牙钳肉似玉，是蛩名号大将军。

此歌诀亦有问题。既然称"白牙青"，已属特点命名，故要点在牙不在翅，翅色未必非要"如银"不可。如果真是翅色如银，则可以理解为"白青"。惟歌诀所述此虫青头，头色未必如白青那么淡，故此歌诀所述或可名之为"银背青"。

其实真青（正青）中白牙、红牙均有，一般称作"正青白牙""正青红牙"，简称为"白牙青""红牙青"。故近代严步云谱以及当代蛩家中肖舟、李嘉春、柏良诸先生之谱皆不视为品种收录。如果一定要以此命名的话，不妨将整皮的正色青虫，白牙者称为"白牙青"，红牙者称为"红牙青"。作为简称之"白牙青""红牙青"历代不乏将军乃至虫王。

实例

小白牙青

咸丰八年（1858年）出自无锡当地　四厘

青金头皮，斗丝细白，麻路分清，薄青项，黑面白牙，平头平项，而腰背高厚，肉身绒细，六足精莹，色如泉水澄清，另有一道蓝光笼罩。此虫秋分出土，寒露破口，斗十数栅不二夹，厘码不过一百三十点。深汤中于苏州遇一名将，号为无敌，自一点钟开斗，直咬至四点余钟，一路分清勒钳，并无造桥、结球、滚夹，栅中转战百余遍，足有数千口，为从来所未见：初则敌虫鼓翅飞腾，骤如风雨；既乃气力不加，鸣声渐渐低小，行走不动，六足俱瘫，如人之脱力者；而此虫矫健如常，牙门随启随闭，周身无丝毫伤损。且养至来春，其寿独长。谱称不异而异，谓之神品，此虫是矣。

（录自清秦子惠《功虫录》）

白牙青

七厘八　莫耀卿先生获于济南东郊玩童之手

此虫菩提头，硕大凸显，银细斗丝，整皮纯青一色，白腿白肉，麦粒大白牙。性威猛，疾驰盆中，沙沙有声。斗时口快，一二口敌虫便项破齿挫，落荒而逃。当年在济南虫坛胜九盆，众养家公认是当年虫王。

（录自柏良《秋战韬略》）

［按：以上两例皆为正常青虫配白牙，这类实例很多，不胜枚举。《蚯孙鉴》所列之银背白牙青真不多见，是否能列为品种存疑。故而不当再以白牙青名之，改称"银背青"可也。而"白牙青"之名仍留，归配白牙的正度青虫所用。］

13. 红牙青（修订名：紫头青）

红牙青

紫头银线项青毛，红牙白腿绝伦高。
愈到秋风萧索候，自然力勇独称豪。

（首见于清朱从延《蚯孙鉴》）

前面已提及，此歌诀大致内容改编自周履靖《促织经》之"白牙青"，此前经谱皆未著录。与白牙青情况一样，既然强调"红牙"，则青虫配红牙即可称为"红牙青"。诸如"淡青红牙""正青红牙（红牙青）""重青红牙"，只是强调了一个生相配置的特点，并无一定要求紫头，故此命名不妥。此谱歌诀所述形象似可援引"赤头青"的先例，用以表述"紫头青"。另外，此虫倒不像"银背青"那么稀见，当代宁阳每年都有类似的蟋蟀出现，但北方虫家多以"琥珀青"名之。只是"琥珀青"生红牙、绛香红牙固然好，但并不强调一定要红牙。

此虫紫头红牙，其副斗丝丝形一定不是标准的青虫 R 丝形，而大多可能会是括号形，或副斗丝内边不连环，当系紫虫与青虫的间色虫，是否能斗后秋，未可以全称判断表述。以副斗丝丝形分类者，大约会将其定为紫虫。但有银斗丝、白腿在，列紫虫门有误。不过，"红牙青"之名还是应当还给配红牙的正度青虫使用，此虫径称"紫头青"可也。

研究达到一定深度的虫友有时会纠结于"红牙青"好还是"白牙青"高级，对其色类纯度也有争议。实则两者皆为正配，不分轩轾，惟要引入年运之背景，才可考量何者占优。

也有虫友有疑虑，黄虫黄斗丝、紫虫红斗丝、白虫扁白斗丝都没问题，而青虫为什么要以白斗丝为准。这的确是个值得解读的问题。

从笔者个人的理解，青和白之间有着较为密切的关系。从两者所代表的季节上看，一者为春，一者为秋。春和秋是阴阳消长走势相反的两个方向：冬经春而入夏，是阳气渐生的过程；夏经秋而入冬，是阳气渐藏的过程。如果以夏为中轴，则春、秋两者恰为对称，是阴阳消长这个总过程中的两个对称的片段，只是指向相反而已。于方位而言，青为东方之色，白为西方之色，恰为两端。如果将两者形象化放置在古代方城中理解，譬如说西门大官人家住西门，东方居士家住东门，忽一日，两人忽有拜访对方之意，各自出门，相向而行，却错失于街市而不遇，遂各自返回。我们考察路径，如果不考虑矢量的因素，而仅在地图上标注其行走路线，则可发现两人行走路径是一致的。此所谓相反相成也，其实世间事亦大多如此。

既然青虫以白斗丝为底色，那么青虫配白牙自然是正配，高级。青皮虫如若配黄斗丝，就不能称为青虫，故早期蟋蟀谱系的代表《秋虫谱》在《青虫总论》中说"大都青色之虫，虽有红牙、白牙之分，毕竟以腿、肉白，金翅，青项，白脑线者方是。断无斑腿、黄肉、黄线之青"。秦子惠没有机缘读到《秋虫谱》，又受康熙以来金文锦《四生谱·促织经》的干扰，故而常有以皮色命名青虫的情况，这种误断在《功虫录》中比例不小。秦子惠虽为我素来敬仰的秋虫大师，但错舛之处亦当秉笔直书，未可为圣人讳。

顺便说一句，也正是由于从这个角度来理解斗丝色烙，所以笔者私下认为斗丝不显的"铁弹子"才是黑虫的典型；副斗丝丝形也由于常常与五行之色不合，不太能准确代表蟋蟀的色类。

既然青和白作为对称的两端可以互通，那么红和黑是否也可以这样理解呢？不行。红为夏、为南，黑为冬、为北，看似也是对称的两端，但实则是两极，而非对称。太阳东升西降，循环无端，故东西之通是本质的，是贯穿圆环圆心的两个线段；而太阳在冬夏之间虽有南北的移动，却是在黄赤交角之间的局部运动，不能贯穿南北始终。虽然中医也认为水火合德是为大道，两者交会于少阴肾经，但也只能关照到重色紫虫是为红黑相合，是为少阴，斗期跨度较大。

至于红和青，在中医经络脏腑理论中，青为木，为肝，统厥阴经；红为少阳，为胆，统少阳胆经。厥阴与少阳互为表里。民间亦有"肝胆相照"之俗语，谓之同气相求。但在物理指标上，肝以及肝所统之血液是红色的，胆汁却恰为青色，两者之间异色互换，是为绝配。青与红本就有内在的深层关系，故而青虫配红牙亦属正配。事实上，如果我们深入阅读古谱，会发现古谱所认可并记载的青虫品类中，红牙者多于白牙者。其原因在于天地之气的分配，即五行中木（青）、火（赤）、土（黄）、金（白）、水（黑）各占其一，但化而为气，一年则为六气，是为厥阴风木、少阴君火、少阳相火、太阴湿土、阳明燥金、太阳寒水。火一分为二，分列少阴、少阳。故而在如环无端、周流不息的流年当中，和五行中"火"有关的年份占总年份的三分之一，而其他四色各占六分之一。而青又与红这个因素密切相关，有内在的关联。这是青虫中红牙占比偏高的根本原因。

红牙青与白牙青各有占优的年景，总体上来说火运太过之年、水运不及而不制火之年，倘恰逢风木当令执事，则红牙青占优，诸如戊寅年、戊申年，红牙青优势明显，其次辛亥年、辛巳年；而白牙青则在燥金太过之年、火运不及而不能克金的年份里占优，诸如庚寅年、庚申年、癸亥年、癸巳年之类。但庚寅、庚申之年，有些年景会金气过甚，对青虫有一定的不利因素，也会有青虫整体不太出将的情形。

实例

红牙青尖翅

光绪十年（1884年） 六厘

四字长头，深圆项，腰宽背满，肉细尾尖，糙白斗丝，黑青尖翅，淡红牙，粗圆而头锐，其色较重青为淡，比正青则深，盖因土色不足，以致色光浅淡，间有嫩色，然其生相则为尖翅中所最贵，故数遇名将，均非对手。冬至后有阳羡人来会斗，来虫系二十余斗之上将，只一二口胜之。此蛩当是变虫，若第执其色而论，决为皮相家所摈弃。是其力量精神，当又在牝牡骊黄之外矣。

（录自清秦子惠《功虫录》）

高头青（红牙青）

己未年（1919年） 山东 九厘 购自隆福寺 文子

此虫头顶高圆，红钳螯大，六腿长健，身雄力猛，遍体重青一色，真勇虫也。交锋时牙开一线，初排时未见敌虫交口，而敌虫牙坏身耸矣。九月十七日上善字名虫黄麻，只半口，惊窜败北。善字曰：好快清口，此虫无挡，准可上桌。于是未肯多斗。十月三十日（冬至前三日也）祭神，上广字打遍京都无敌上将青白麻者。伊虫曾上北城常乐名虫黄麻头，威名大振，连上十数盆，无敢角斗者，皆以无敌大虫王呼之，放对时，广字得意洋洋，以为必胜，交口时牙力不打，气力又不敌，广字在旁，汗出如浆，把式小赵曰：今日遇见硬对了。连受三口而曳兵走矣。在场诸人皆曰：好厉害红牙青，真乃无敌大虫王，此秋可盖京都第一虫王矣。祭神上桌，恭颂神威大虫王。贴喜字封盆大吉。十二月十一日荣终（立春前五日也）。

七绝二首以志威猛

高厚魁梧大方头，红钳螯大振三秋。

身雄力猛威名赫，王号宣传万古流。

其二

遍体真青蟹牙红，形高背厚气豪雄。
威名远播传四境，勇冠三秋第一虫。

战功录

九　厘　八月二十四日　试口，上勇虫墨牙青（清口）
　　　　九月十七日　上善字名虫黄麻（清口）
九厘四　十月三十日　祭神。上广字打遍群雄，自名为无敌大虫王青
白麻

（录自近代思薄臣《斗蟋随笔》）

[按：以上两例皆是正常青虫配红牙，符合虫坛习惯性称呼。可知《蟋孙鉴》所列"白牙青""红牙青"过于极端，不符合人们的习惯，并不被大众所接受，故此流传不广。包括秦子惠那么推崇《蟋孙鉴》，也不采用其定义。]

14. 葡萄青（两种，修订名：紫头青、紫背黑青）

葡萄青

头像葡萄项闪青，身材阔厚腹如晶。
皱纹薄翅琉璃尾，上册交锋阵阵赢。

黑青背上紫红霜，仔细看来荸桃色。
牙红正好斗输赢，汛炮一响虎添翼。

（首见于清朱从延《蟋孙鉴》）

两首歌诀，两种情况。第一首指的是头色头形皆似葡萄。但是葡萄有青葡萄，也有紫葡萄，究竟指的是哪种呢？似乎是指紫葡萄。如果是青葡萄，则类虾青而有所淡化，但含绿色，蟋蟀中基本不见此色烙，出现概率极低，非常见品种，当属异品。而"腹如晶""琉璃尾"之类都太过分，极不易见，或系夸张，或系个案。但个案不能视为通常品种，故严步云谱著录之"葡萄青"则直指紫葡萄而不提琉璃尾之类：

葡萄青

　　葡萄灵似紫葡萄，翅色如银品自高。

　　配得白牙为上品，红牙也是将中豪。

　　此虫有淡金翅或黑金翅，有青肉有白肉，青项银斗丝；淡金翅后变白金翅，黑金翅后变乌金翅。总以头色为主，头如变紫，则葡萄成矣。宜配白牙，红牙亦可。

　　[按：此类虫副斗丝常不全，故在今日常被混入紫虫，称"紫大头"，实不妥。此葡萄青不论银背还是乌背，出高品的年景与紫大头明显不同，且有银斗丝在，不可误视为紫虫。《虮孙鉴》所录第一首歌诀当弃之不用，或只做个案备览。严步云所录称为"葡萄青"可也，抑或径称"紫头青"亦无不可。]

　　《虮孙鉴》第二首歌诀乃指黑头，而紫色出于翅背。荸桃，当系指荸荠，南方有些地方称为"马蹄"，外皮色紫而浓，肉白。但同一名目下不当涵盖两种区别很大的色品，似可借鉴"乌背黄"之例，径称"紫背黑青"。

　　凡蟋蟀命名皆当以最经济的笔墨提供最大信息量，最好能使人闻其名便能知其虫。由于有青虫的基本信息在，故而提及特点，余则以正常青虫理解即可，故此虫命名"紫背黑青"，则其形象一想便知。再比如"银背青"，观其名则可知青头、青项，惟翅色如银，形象可感。如果头项之色烙有深浅之分，亦可调整，"银背黑青""银背淡青""银背红项青""紫背青""紫背黑青"等等，皆一目了然。

15. 井泥青

井泥青

青色深沉似井泥，圆头毛项不轻欺。

长牙腹腿如银白，直到深秋战胜奇。

（首见于清朱从延《蛣孙鉴》）

《蛣孙鉴》刊于乾隆后期，系松江人士朱从延所为，有的虫友将之理解为北方虫谱，有误。察其内容多为南方情形，甚至有笑话北人不懂用茨之语。

以"井泥"形容虫色，本意是为形象、易于理解，盖因当时江浙一带家家有井。但于今日则成问题，水井已是罕见之景观，在江南尚好，北方地区的城市基本见不到水井。井泥究竟为何色，是否也因地域、土质不同呈现不同的色样？从歌诀看，既然"青色深沉似井泥"，当系某种青色，但色泽深沉，似当无光。但是严步云谱却认为是一种黄，其谱曰：

此虫出土古金翅、黄金项、银丝白肉，亦有青肉者，六足如玉，形痴迷，后升黄雾而翅色昏沉，红牙白牙皆配。

歌曰：

翅色昏沉如井泥，生来行动实痴迷。

宜配红牙银也可，斗胜场中始亦奇。

应该看得出，严步云所录歌诀其实也是来源于《蛣孙鉴》，但他不同意整体"青色深沉"，故在解释中称古金翅、黄金项，头色并未提及或故意疏略，只是六足白，肉或青或白。也许他的家乡井泥就是黄色的，这说不好。但是从一般意义上讲，井底泥当系青色，盖因沉积日久，即便本来是黄泥也因淤积日久而泛青，乃凝寒所致。《本草纲目》中"井底泥"指淤积在井底的灰黑色泥土，是可以入药的，有清热解毒之功。《证类本草》云其至冷，《本草经疏》则曰"味甘而大寒"。从其性味分析，大寒则色黑，但味甘则带有土的属性。不过黑很容易掩盖黄，故似可理解为黑色但饱和度没那么高，也间杂有黄，总之还是以灰黑为主。如果如严步云所述，只有肉、足、斗丝不黄，余则皆黄，则基本为"黄皮青"，或称为"黄青"可也。故此虫歌诀仍当以《蚰孙鉴》所录为准。

实例

镇南大将军井泥青

己巳年（1929年）　山东　七厘八

此虫头高体厚，六腿长健，遍身重青色，蠢大白牙，钳硬似钢，口快如电，形同猛虎，势若狻猊，真明虫王也。交锋时无论何等勇虫，只一口即昏坏而逃，其勇猛如此。在场诸人皆曰此虫真好狠口，此秋无挡矣。又聘字黄麻，杰虫也，亦被一口咬转，数日后聘字犹打听井泥青起来否，于十一月初八日（大雪后一日也）祭神上桌，力挫杏字红牙紫（伊虫曾上十数盆，皆一口胜，名震一时）。诵曰：镇南大将军。贴喜字封盆大吉。十一月二十日（冬至前二日也）荣终。

七绝二首以志威猛

遍体深沉井泥青，头高牙蠢迅如霆。

三秋打遍无对手，功迈凌烟绘君形。

其二

头高牙蠢像英奇，两翅深青似井泥。

祀神夺得将军位，尊号威名天下驰。

战功录

七厘八　九月初四日　上本永青大头（一口）

九　厘　九月初六日　上养字青厚墩（一狠口咬坏）

七厘六　九月二十二日　上聘字黄麻（一口咬转）

七厘四　九月二十五日　上锐字玉牙黄（死拼口力挫凶顽）

　　　　十月初五日聘字犹打听此虫起来否

七厘六　十一月初八日（大雪后一日也）　祭神，上杏字红牙紫
（大牙）

（录自近代思溥臣《斗蟋随笔》）

井泥青

五厘七　济南施宝林先生1993年获于宁阳伏山

此虫底色纯青如井泥色，头圆实，细银丝，双须粗活。青项厚铺毛丁，玲珑翅衣紧贴虫背，一副粗大黄板牙，开式钳形。前四抱足茸长，大腿粗圆夹身，布点点灰斑，立身高厚，双尾修长，后被三尾咬去一尾，斗场上称单尾巴。此虫斗口硬辣。中秋破口，斗口皆是合满牙一口定局，敌虫便再无回头草。后转战江南，在沪曾斗败八上风的大将青翅子，亦是一重口青翅子便爬墙，再无斗性。当年在沪名震一方。

（录自柏良《山东蟋蟀谱》）

16. 熟虾青（淡色红青）

熟虾青

水红尾兮水红衣，壮肚阔腰模样奇。

浑身不见有斑点，旁人误认熟虾儿。

（首见于清朱从延《蛩孙鉴》）

《蛩孙鉴》对此虫的描述仍然可以看到周履靖《促织经》的影子，当来源于《论水红色》："水红须尾水红衣，白肚团圆模样奇。斑点一些浑不染，旁人号作杜公儿。"周履靖不明古谱定色原则，审抄数谱导致定色命名混乱，从上述歌诀完全不能断定此虫当归于哪个色类。以今日视之，此虫如若斗丝色红则为红门，斗丝色白则归青门，斗丝扁白则入白门，未可笼统言之。《论水红色》末句提及之"杜公儿"，与同谱中首录之"肉锄头"有相关性，其末句称"杜家名号玉锄头"，似乎皆为某杜姓玩家所豢养，但今已不可考。

《蛩孙鉴》的作者朱从延是读过《秋虫谱》的，他在《蛩孙鉴》中，于每一个色类之前都有总诀，收录了《秋虫谱》的定色原则，而这些内容在《鼎新图像虫经》和周履靖《促织经》中是看不到的。由此可知，朱从延一定读过《秋虫谱》。

"熟虾青"之名首见于《蛩孙鉴》，此虫遍体红，却归为青虫门，显然朱从延知道以斗丝色定色类的原则。金文锦谱未收录此虫，如果有，必当归为红虫门。

严步云谱收录了此虫，做了进一步阐释，但略有改动：

此虫出土粉红色，至寒露翅色如银，六足俱白，肉色微青，宜紫绒项，便为上品，宜配绛香牙或紫钳牙。

歌曰：

熟虾微红色，人间尽说白。

青白任人猜，虾熟何颜色？

熟虾美色实堪夸，两翅如银品最佳。

红雾满身人莫识，奇娇妒煞海棠花。

[按：严步云比较喜欢谈论蟋蟀后期的色转，但此虫变色并非必然，有变的，也有终身不变的；但他显然认为后秋变为银翅者最佳。当然也只有转成银翅，才有利于后秋之战，不然也只能是前秋和中秋斗虫。色转或系经验之谈，姑妄听之。

翅不转银色就不是熟虾青吗？不能说不是，还是熟虾青。而且如果以间色命名来理解的话，熟虾青描述的就是红与青的间色，其实就是红青，但是淡色红青，深色的红青还是要留给红砂青。红和青的关系，我在《解读蟋蟀》一书中曾专门做过讨论，以经络来理解的话，实则为表里关系。因体例的关系，此处不再展开讨论。]

17. 红砂青（重色红青）

红砂青

此虫出土似重青，大红斗线，项铺蓝毛而隐红砂，至寒露便满翅红砂。此虫是桑树子午虫所变。一见它虫，势如奔马，不咬死不休。不能同诸虫共养一处，恐闻声思斗，碰伤头额须尾，必独养别处，不闻它虫之声方妙。此虫世所罕见，真虫王也。遇此当珍宝之，不可轻忽。

歌曰：

红砂青色不寻常，人若相逢仔细详。

诸虫见此成齑粉，真是人间促织王。

（录自民国严步云《蟋蟀谱》）

"红砂青"之名最早见于《蚟孙鉴·续鉴》的《青》一节，其体例基本属于"论"，其中只是提到"又有紫砂青、红砂青、白砂青，各以色而名之，皆为枭将"。虽没有详细描述，但从排比罗列之名目看，强调的显然是诸色之"砂"。《蚟孙鉴》是有定色原则的，熟虾青就首见于此谱，虽遍体红，但因斗丝色白，故列于青虫门。所以，《蚟孙鉴》如果展开叙述，此虫一定会表述为银斗丝或白斗丝，而非红斗丝。但严步云谱收录红砂青时，却没有考虑斗丝与色品之间的关系，将此虫斗丝指为大红斗丝。若果如此，又能斗后秋，亦非红虫类，此虫当系紫虫类，终归不是青虫类别。

上海李嘉春先生《蟋蟀的养斗技巧》著录此虫时指为白斗丝，这个理解无疑是对的：

> 此虫出土色似墨黑重青，黑头黑脑盖，银斗丝隐沉，项铺红砂为真。至寒露后，翅上开始透出满身红砂，此虫乃是与桑树上的子午虫交配而生成。一见他虫，势如奔驰，猛烈凶狠，不咬死虫儿不罢休。所以不能同其他虫共养一处，怕其闻听到其他虫鸣要思斗。在盆中要碰伤头额须尾，必须单独静养别处，以不闻听他虫之鸣声为妙。此虫真世所罕见的大元帅，遇此珍宝不可轻忽。

［按：变虫之说古谱一直延续。古人没能建立起认识精当的生物学，对很多解释不清的事采用了神秘化的一些说法应付，以弥补知识上的不足。应该说这是很不好的学风，变虫之说亦与此情况相类。我们今天来看，显然这是不可能的。但是古人为什么这样说呢，就一点道理都没有？也不能这样简单地摒弃，古人的这种表述多少也流露出当时人们对这类事物所存有的一些理解和想象，我们今天可以通过其中的一些相关性来加深对事情的理解。］

所谓子午虫，系星天牛幼虫，寄生在落叶攀缘性灌木"云实"的茎中。星天牛北方俗称"老牛"，色黑。云实是一味治疗骨结核的特效药，子午虫亦可治疗骨结核病。云实始载于《神农本草经》，列为上品。李时珍谓："此草山原甚多，俗名粘刺，赤茎中空，有刺，高者如蔓。其叶如槐。三月开黄花，累然满枝。荚长三寸许，状如肥皂荚。内有子五六粒，正如鹊豆，两头微尖，有黄黑斑纹，厚壳白仁，咬之极坚，重有腥气。"又云："根主治骨鲠及咽喉痛，研汁咽之。"以上植物形态描述与今云实基本一致。药用有种子（云实子）、根或根皮。云实根皮多为民间应用。从这个角度看，子午虫长期以云实为食，相当于是在长期服用中药。古人将它所服食的这种植物的特性，附会在了蟋蟀的身上，其实养家是可以从中悟出一些东西的。

子、午表达的都是时辰，子时在五行中为北方水，其色黑；午则为南方火，其色红。子午结合，也就是黑红结合，此虫出土"色似墨黑重青"，后起红砂，故与子午之意合。此虫之所以列青门而非黑虫门，当系肚肉白之故。以此理解，此虫当占"重色红青"之位。

18. 血青

血青

纯青而无白色，于日光中照之，青内尽红如血，是为血青。必得大红牙为妙。其斗线亦红，如渐退白色即属败征。如不必日光中照，而觉有红色者，是为紫青。

（录自清朱从延《蟋孙鉴·续鉴》）

《蟋孙鉴·续鉴》或系出自重刊者之手，此虫定名分类显然与《前鉴》之定色原则不合。既是红斗丝，则当归红虫或紫虫类。所云："其斗线亦红，如渐退白色即属败征"，此虫晚期斗丝褪白而不再能斗，乃是老疲走色。故而当属红虫类，或可以"青红"视之，归红虫门。

如若似其所说，惟斗丝色白，则为青虫。这种情形并非不可遇，从中医脏腑经络理论来看，厥阴肝（青）与少阳胆（红）有表里关系，所谓"肝胆相照"，关系十分密切；且厥阴与少阳在六气轮转中，亦是各统领上、下半年的司天、在泉关系，从而影响全年的主要气候特点，两者的关系亦十分密切。如果遇丙寅年、丙申年水运太过，则不太容易出现此虫；即便出，也不够厉害。如果是戊寅、戊申等火运太过之年，则较易出现此虫，且得气之助，能出大斗。此虫以红牙为上，白牙不出大斗。

赠其歌曰：

> 一脉纯青暗隐血，肝胆相照最得宜。
> 红牙藏得司天气，戊寅戊申斗最奇。

19. 赤头青

赤头青

> 翅似乌金头宝石，六足如霜肉也白。
> 秋分之后寒露前，名震征场声赫赫。

（录自民国严步云《蟋蟀谱》）

严步云谱著录此虫时未做其他说明，这种情况在该谱中不太多见。但肖舟先生《蟋蟀秘经》中附有简述如下：

此虫出土时，上黑下白，头色常疑是紫，所别在斗线细白，项如铁色。才过白露即开始变色，头泛红光，犹如宝石，宜配白牙，红牙次之，如头如水红头色，不过是草头王，偶有过寒露者，也总是疲软。

柏良先生《秋战韬略》亦曾著录此虫：

红头青身最难逢，项铺青砂翅纯青。

若得钳爪尾皆赤，将军定是不凡虫。

辨识要点：此虫红头亮洁，青项，青翅，红钳，赤爪，赤尾，不宜斗深秋。

［按：两位前辈所述皆精当。此虫红头，其余则与一般青虫大致相同，项上或有十字红斑；赤爪、赤尾者不常见，一般还是白脚爪、青白尾。若年景适合，也有能斗后秋者，总需秋寒晚至之年方成大将，一般年景则为先锋，宜早秋出斗。其斗相四面生风，凶猛灵动。秦子惠《功虫录》所录"白青"之类常有"赤头青"者，只是秦子惠执着于《蚟孙鉴》，不以"赤头青"之名目来命名而已。］

实例

白青大头

光绪元年（1875年）　八厘

大头宽项，形如山笋，而背稍平，淡红头皮，金额白斗路，黑面焦红钳，青毛项，翅黑如点漆，肉似嫌不足，而鸣声雄厚，竖翅不停，六足净白，两尾尖长，此虫具第一等品貌，而夹口转在二三等间，以其受口能盘，卒能斗至结栅，故志之。

白青大头

光绪十一年（1885年）　八厘

浅海棠头皮，黑脸，方头阔项，星门突出，项色纯正，圆长白牙，净无黑爪，淡青金翅，声若金钟。此蜑前半方阔，后身稍削，直若有骨无肉，六足长大，周身绒细，色则七青三白，细审之竟是淡白青，笼形之大，倍于他虫，状类蜻蜓，力最勇猛，实为数年不一见之虫，品貌瑰奇，自早秋收得以至深秋，未曾出斗，而声名已属远播，及至效力，当场甫经亮布，辄被拆去，以故仅斗一二栅耳。于以知具大本领者，早得盛名，亦非所宜也。

（以上两例录自清秦子惠《功虫录》）

［按：以上两虫皆为淡红头，有珊瑚头皮者则为大红，朱砂头皮者则为暗红，但皆以白斗丝为要件，故列青虫门。以"赤头青"命名红头之青蛩，较"白青"之名更为直观、合理。］

20. 红线青

红线青之名目始见于李大翀《蟋蟀谱》卷七之《颜色目别·青色》，但没有详细描述。后世因为不太了解古谱的定色原则，常常误解为红斗丝之虫。其实此虫应当以青虫为底，"线"指的是额线，也就是红额线的青虫，斗丝依然是白斗丝。这种情形与命名方式，恰与"银线青"之命名有同构关系。"银线青"有别于一般青虫者，在于有一条银白额线十分明显，以重青之身为佳，所谓"重青一条线，诸虫不敢见"。此"红线青"整皮色烙不及重青色浓，或翅下隐红光；额线也非粗额线，一般较细，但由于异于常虫，故而有择出单列之必要。如果是红斗丝，则当归为红虫门或紫虫门，为"青皮红"或"青皮紫"。青皮红与青皮紫的区别在于腿斑和肉色：腿斑较少而有规则、白肉者为青皮红；腿斑为块紫烂斑，紫绒肉或紫背者，则为青皮紫。

古谱称，青虫头额带红晕者为"瘟虫"，不出斗。但红额线者却很凶悍，红砂青有些也可能带有红额线。但这类虫常有副斗丝不连环的情形，说明它间有红紫之色，但不能归为紫虫类。赠其歌曰：

红线乃指红额线，性烈口快最出奇。
百年误解红斗丝，长使英雄人不识。

21. 琥珀青

琥珀青

此虫头呈琥珀色，隐透紫光，银白斗丝，青项深秋起赤砂，青翅映透紫辉，若是白肉须配红牙，若是紫绒肉须配白牙。宁阳地区此类出将率颇高。选此类须重一个"干"字。

（录自柏良《山东蟋蟀谱》）

［按：此琥珀系指紫珀，而非黄珀。若为黄珀则成黄头青矣，与项起赤砂、翅透紫辉、紫绒肉等因素不合，且色系过杂。］

"琥珀头青"的名目在古谱中出现过，但都没有详述，肖舟先生《蟋蟀秘经》有收录：

头如琥珀势刚强，麻头青项皱翅良。

遍身紫色带红光，圆长腿脚青兼白。

爪赤须粗尾又长。

大白长牙红亦好，青中出色此为良。

此虫琥珀头色，极细的白斗线白麻路，青项上有朱砂斑，青金翅上泛红光，须粗尾长爪红，白六足，腿上有青斑，鸣声洪大。此虫既像黄又非黄，似紫而非紫，属青虫中少见的上品，配白牙或红牙均可。

［按：南北两地产虫特点有差异是正常的。柏良先生所述带紫而基本不带黄，为山东产区之琥珀青。肖舟先生所述此虫"像黄又非黄，似紫而非紫"。近年来虫坛皆以北虫为主，故将柏良先生所述录为正品。柏良先生一生玩鲁虫，经验老到，于宁阳虫尤爱琥珀青，认为琥珀青是宁阳虫中出将率最高的少数几个品类之一。］

琥珀青略带紫气，与"重色紫青"（周履靖谱《论紫青色》之"茄皮青"）相较，青的成分多于紫的成分。也有的"琥珀青"头带紫而翅色并无紫气，紫气乃是紫绒肉之背光隐透所致。其实要论精准，或当称为"紫珀青"。

22. 铁砂青

铁砂青

此虫出土似黑青，白肉白六足，正青项上铺铁砂，故名。后升白雾，银光罩体，亦佳品也。配白牙为上，紫钳绛香亦可，红牙次之。

歌曰：

铁砂种类实堪夸，项有蓝毛铺铁砂。

若配白牙真上品，擎旗斩将别争花。

（首见于民国严步云《蟋蟀谱》）

此品种柏良先生《山东蟋蟀谱》亦有著录，与严步云所述略有不同：

此虫整皮浓青色，铁皮项铺蓝璨，青翅干焦。白斗丝隐沉略短粗，鸣时背映蓝光，以白牙黑刃为上。整体视之茸砂厚重。

〔按：柏良先生谱所述实为玩虫实录。此虫系"文革"前申中和先生自长清舍里庄捕得，于济南斗场走 11 路。

以今日山东出虫的情形看，此虫未必是严步云谱所要求的白六足，这或许系地域差异所致。就当代情况看，玉腿已不是百不得一，而是千不得一。究竟是气候变迁导致的，还是种气混杂导致的，抑或是优良品种在滥捕滥捉之下趋于灭绝？因为缺乏可靠的调查方法，目前难以定论，但几个因素可能都存在。在现实中铁砂青多有腿斑，这实际上和它本身就具备一定的与黑虫的间色有关，为重色虫，类黑青，在宁津虫中尤其明显。但是腿斑最好是规则的，清晰而非浸润，绝非浑然一片，俗称"屁熏腿"的难挡大敌。]

此虫之所以于黑青之外单列，在于其项上之砂。《蛩孙鉴·续鉴》中论青虫品种，曾提及："又有紫砂青、红砂青、白砂青，各以色而名之，皆为枭将。"所以严步云谱歌诀有"铁砂种类实堪夸"之句。《蛩孙鉴》提及的数种，实则皆以项上之砂命名，属于特点命名。古代蛩家对项上之砂非常重视，称"项上无砂不可斗"。当然这指的是已到龄、正值出斗期之虫。项上有砂的这几种品类，可能起砂较早，也较明显，给人留下了很深的印象，但也绝非早秋即起砂。对于初学玩虫的朋友，这一点是必须提醒的。早秋收虫项上起砂未必是好事，传统的老一辈虫家认为这是嫩相。此类情形余所见较少，不好断定，但早衰是必然的。早秋收虫要求项上有毛，俗语说："项上无毛不是虫。"早秋项已滑，一般泛色较差，当系底板不足所致。早秋之项毛，经过拳养而转化沉积为"砂"，这是最好的变化。早秋无毛，后秋不可能出砂。当然也有极少数的个案，如早秋由于饲养不当等种种原因，项已油滑，转至行家手中精心饲养，饲养得法，却能反璞，出现一脖子璨花。这是底板极佳之虫。但一般来说不可存此侥幸之心，实万不得一。

民间俗语说"蛐蛐看脖子，鹌鹑看舌子"，实为经验之谈。蟋蟀打斗靠牙齿，但一身之力却要靠项来运转。项皮宜厚不宜薄，项色宜整不宜花，最好是整皮一色，即便蟹眼显露，也要求缩实，而非浸润状。除"花项淡紫"外，项色一花，泛色必差，犹如人"三岁看大，七岁看老"，有些迹象是可以看到生命纵深的。再说，所谓"花项淡紫"，项皮皆为碎花所覆盖，与一般所谓"项太花"并非一种情况，不可同日而语。

项之形宜深长。一般来说，宽大于深，如能生方项，必勇力超群。

项与翅连接宜紧，翅平出无痕为好；项与头之连接则宜活，过紧则梗硬。《黄帝内经》中说"诸痉项强，皆属于湿"，湿邪伤阳或阻碍阳气的宣达，多是因为脾的运化水湿功能失调引起的。蟋蟀如若头项僵硬，亦当系湿气不化所致，有违我们对虫"干"的要求。

"红砂青"此前亦已单列。至于"紫砂青""白砂青"，只要是以青虫为底，皆可视项砂、项色而定名。但"铁砂青"系青虫与黑虫的间色，"紫砂青"可能较多出现在紫青虫中，"白砂青"则出在白青类，虽都是以青虫为底，各自所间之色却有不同。

23. 栗青

栗青
栗青出土人疑紫，琥珀头皮翅古金。
足肉如霜牙似玉，中秋场上亦称尊。

（录自民国严步云《蟋蟀谱》）

栗青，又称栗壳青，以头色、皮色皆似栗壳色（或称为深咖啡色）而得名，为间色虫，是今日常见的品种。但歌诀中"琥珀头皮翅古金"之说却言过其实。琥珀总给人一种晶莹剔透之感，但当今"栗壳青"之头皮并无此透感；翅衣常为栗壳色，而非古金色。古谱所谓古金色，一般是指老铜色。当然，铜也有黄铜、紫铜之别，如若老黄铜，则明显属于黄色；若是老紫铜，则偏红紫。但今日鲁虫中，栗壳色者常见，色烙较古金色深。

此虫早秋以不带光泽为好。此虫为间色虫，所间之色也非正色，不太可能出现足肉皆白之相，黄肉白肉皆有，"足肉如霜"者基本不见。但忌肚腹侧面有脏斑，有则愈泛愈差。生相好的栗壳青有能出将的，但一般而言出将率不是很高。

24. 蜜背青

蜜背青

蜜背浑身似淡青，鹅黄两翅明而净。

红钳为上诸牙次，腿足如银更多情。

斗遍三秋人皆怕，淡青蜜背扬威名。

（录自肖舟《蟋蟀秘经》）

"蜜背"之谓，翅色如蜜，非黄非白，多细腻玲珑、精光内敛，属淡色虫，系淡青之变种，间有黄色，习惯上称为"淡青蜜背"。此虫占尽细糯二字，为细种上品。有的蜜背后秋翅色转淡，鸣声起沙，如是，可斗深秋。蜜背青属于细种，较能出斗。

25. 雪花青

雪花青

青金头色银斗丝，青项厚铺白毛丁。

青翅玲珑肉玉色，身披雪花斗残冬。

辨识要点：此虫头、项、翅青纯明净，银牙、玉腿、白肉，满身披白色茸毛，济南东郊历城所产雪花青为历年冬虫猛将。

（录自柏良《秋战韬略》）

［按：此虫近年愈发少见，余未尝一见也。柏良先生所著录者乃为济南回民小区金永泰先生所捉。此虫寿长，近春节方僵。］

从间色角度看，此或为与白虫的间色，故能斗深秋；但斗丝非扁白斗丝，故而仍归青虫门。此虫与白砂青或有类似之处，只是白砂青项上绒毛全部化为砂，白砂青的出斗期早于雪花青。

26. 蓝青

蓝青

此虫头青靛色，银白斗丝细直隐沉。青项厚铺蓝璨，青翅玲珑隐透蓝色背光，白肉蓝背，白腿青斑，红牙亮泽，有"蓝袍"之美誉。鲁中肥城产区年年有之，以形体大四平相或身长厚者可勇战三秋。

（录自柏良《山东蟋蟀谱》）

蓝青之虫色极浓，项皮亦厚，是极少见的品种。在传统语境下，蓝色系仍归于青，"青出于蓝而胜于蓝"指的是颜色的饱和度。在五行分类中，青仍归于木，故"蓝青"当以正色视之，得之不可忽视。

赠其歌曰：

蓝青出土似乌青，秋深项背蓝璨明。

大树飘零萧索日，独领风骚任我行。

实例

蓝青大头

同治十二年（1873年）　六厘

头形圆绽，项极宽深，腰背以下，肉止一条，勒尖至尾，即谱所谓海狮形。此虫出处似欠干燥，虽属重青，色光不足，乌金头，糙白斗丝，亦无光彩，黑青项，间有白毛，衣壳肉身，色浑而滞；早秋怯亮，性爱奔驰，后身亦嫌单薄。中秋破口，只一交牙，连斗两笆，均不行夹。霜降节后精神焕发，遍体蓝光，项上白毛尽退，铺满粒粒青砂，宝光闪烁，时有青狮子之目，斗二十余笆，前无坚敌。深汤至上洋，人见其光彩笆形，即行拆去，占彩场中，望风辟易。此虫系盆中褪出天蓝青，若于早秋求之，转恐失之当面矣。

（录自清秦子惠《功虫录》）

27. 天蓝青

天蓝青

非青非黑复非黄，闪烁不定似天光。

腿色焦斑身样细，头圆路白项深藏。

二尾细轻多紫色，两须旋绕胜枪铩。

更得干红钳一对，千秋难遇此蛩王。

（录自清朱从延《蛅孙鉴》）

　　《蛅孙鉴》将之列为"异种上品"，不无道理，此虫因缘际会，相隔多年复一见，当不是出自遗传，而系特殊环境和气候条件所致。后世对"闪烁不定似天光"有较多描述。李嘉春先生将之与紫黄并列为虫王："此虫出土除银白斗丝不变，其它头色、身色俱变，早晨看似青，近晚看似黄，天晴则为紫色，天阴又成白色，所谓天蓝气色，俗称做天蓝青，此乃虫王，得之不可轻易忽视。"

　　实例

小天蓝青

光绪二年（1876年）　仅三厘

　　出角大头，黑蓝项，正青头皮，乌顶，银丝斗路，竹钉白牙，根粗而头锐，前身阔厚，肚腹瘪而少肉，乌金翅，底色深沉，外罩玻璃光，绝似蔚蓝天色，此真谱所谓雨过天青，鸣声丁丁，六足净白，厘码仅一百二十余毫，能食全米，自秋至冬，未曾退食，故虽瘪肉，其寿特长，凡斗十数笼，从未行夹，只一交牙，敌虫必滚至栅底，如人之酒醉，立脚不定者，辨色像形，是蜻蜓变。

白牙黑蓝青

光绪十三年（1887年）　八厘

深头阔项，乌金头皮，开光黑面，细白斗丝贯顶，项皮宽阔圆厚，沙晕重重，绝无分心项眼，色与深青大呢无二，老白牙，长大而带尖样，翅如点漆，声若洪钟，肉更极绒极细，腰身阔厚，渐渐勒尖，尾际尖而有肉，六足圆劲，矫健无伦，周身光彩，正如碧天雨过，玉宇澄清。早秋破口，直斗至深汤，《虹孙鉴》称天蓝青为无敌，今于此虫益信。

（以上两例录自清秦子惠《功虫录》）

28. 油青、油麻头

油青

油青本是将军种，腿足长圆红紫牙。

若得三秋油色润，相争直到雪花飞。

此外这般生相者，油中也见几青麻。

（录自民国李大翀《蟋蟀谱》）

李大翀谱仅有歌诀，未做解释，肖舟《蟋蟀秘经》曾录此虫，并附有简述：

油青遍体青色，上溢油光，如在油中浸过一样，勇而善战，与油黄齐名，虫中英豪。此虫如生相好，且是麻头者，必勇悍无匹。

柏良先生《山东蟋蟀谱》亦录此虫，对鲁虫中此虫的前后变化所知独详：

此虫出土色如焦炭，渐现油润，头开光早，背光透映，紫红牙弯尖形獠。秋深油退现锈即不可再斗。此虫为青虫中的热虫，非古谱中歌诀所言"三秋油色润"也。

[按：各色虫中皆有"油虫"，与蟋蟀于土中受热萌油不是一回事。此类虫虽号称遍体油滑，实则脸不能油，项不能油。世传各色油虫中以油黄为最勇，或系经验之谈。余玩虫资历较短，见过一例"油红"，甚勇，以不足五厘之躯，连胜大虫四盆；其余则未见。但以我个人估计，"油紫"亦当神勇，盖因"润"乃紫虫精要，最是适宜。此油当系"油毛沙血"之油，而非病态。诸色中，以白虫最不适宜油，与白蛩之粉违和；青虫亦不是十分适合油的品类。]

（三）青虫存目

白砂青、麦柴青、苏叶青、鸡血青、河水青、稻叶青、竹叶青、芦花青、蚰蜒青、铁线青、燕子青、紫砂青、花青、草色青、草色白青。

[按：虫之间色，千奇百怪，古人定名先以斗丝色定色门，随之依据所间之色，取形象可感以名之，有一定的随意性，或为个案，也未必一定是固定品种。所谓固定品种，尚需多年间反复出现，色烙布局有一定的稳定性，色烙的深浅浓淡倒在其次。上述虫名除最后两种见于严步云谱外，皆取自《蛩孙鉴》。其中麦柴青系指干枯麦秸之色？若是，不如定为淡黄青。竹叶青是指鲜竹叶还是干竹叶？这完全是两种色系。有些则意义明确，比如鸡血青，参照熟虾青之命名，当系遍体鸡血红而具白斗丝、白肉之虫，于品种当为"红青"。以鸡血为名，无非是其色鲜艳不易见，故以此名之以别于普品。草色青、草色白青之名，则确指性不够。草色本就颜色各异，鲜草、干草又各有不同。若取指向明确，可以落定颜色之物而命名，则无误。实则凡属间色，色门分类正确，随机命名只要不逾矩，无不可。只要能表达清楚门类，指出最鲜明的特点即属好名。]

（一）总论

黄虫门以黄斗丝为基本要件，典型的黄虫副斗丝丝形常为刀头形，腿斑则以烂斑为典型，干老度较高的为蜡腿，明显带有黄光和蜡质感。黄虫的鸣声于诸虫之中音阶最低，后秋常带哑音。古谱中"开盆即见一道金光"之说，乃是指正黄类，其间色则未必。黄虫性烈，早秋常奔驰不定。以中医脏腑经络的模式来理解，黄属五行之土，主脾，而脾主四肢，故有其态。在五行中，土居中央，于生物主中腹，故黄虫腰粗者为正。海狮形多见于青虫，黄虫中少见，即便有，也非上佳之虫。

土居中央，则通四方；其味甜，和五味。故黄虫配诸色皆合，不必拘泥。常有虫友执着于红牙黄，以为如此配置必然凶。虽然如此情形亦常见，但也未必就说明黄虫必配红牙为上。墨牙黄更是名品，只是今日不易见。盖因近数十年来气候持续转暖，红牙虫较为得势。加之六气之中，火一分为二，分属少阳、少阴。两者虽有区别，但色属红紫大类，占总数的三分之一，而他类只能各占六分之一。故而单纯从统计学或经验的角度看，多年累计下来，红牙类能出斗者较多。

黄虫配黄牙乃是正配，湿土主事之年反而锐度较高，更能出斗；配白牙亦未尝不可，阳明燥金（白）与太阴湿土（黄）为表里关系，亦能出大斗，只是所主年份较少而已，不及红牙占比高。总之，牙色与虫色配置之优劣，亦当考虑流年气候之影响，未可一概而论。

黄虫也正是因为合五色这个性质，正色者少，间色虫却很多，在古谱中黄虫的间色"紫黄""红黄""黑黄""白黄""青黄"皆有著录，可谓五色占全。其中"青黄"出现最晚，但在今日"青皮黄"却是最多见的一个品类，也常能出大斗。其实在秦子惠的《功虫录》中，这类青皮黄斗丝之虫就不少，只是秦子惠将其归为青虫，实误。

黄虫由于具有五行中土的性质，合五色，寄于四季，故出将年景较多。除木运太过且厥阴在泉的极少的几年，比如壬寅之年，对正黄、淡黄等纯色黄虫不利之外，其他年景黄虫出将概率都较高。而壬寅年对青皮黄影响却比较小。

（二）紫黄系综述

紫黄是个神话，推为虫王已有相当的历史。但关于紫黄究竟应该长什么样，争论也最多。紫黄的历史著录情况比较复杂，所以有必要对紫黄的演变、历史背景、定色命名有一个简单的讨论，然后分别命名，才不至有误。

现代虫家一般都接受紫黄身披五色、五行占全之说，这个说法大致上可以视为严步云谱留下的遗产。严步云谱对紫黄有如下的表述：

此虫出土樱珠头、金翅、蓝项，紫肉白足，黑脸赤爪；后，头变熟樱桃色，配红牙或绛香牙，身披五色，体俱五行，真虫王也！促织（遇之）不死必残。此虫难遇，真为奇货。

歌曰：

紫黄出土为五色，难逢难遇非易得。
诸虫一见尽消魂，不必拘泥问品格。

严步云谱惟独没提及的是金黄斗丝，不知是遗漏了，还是觉得这是前提而无须提及。但在现实中我们基本看不到如此完美地契合虫谱的蟋蟀。

其实从蟋蟀谱的流传过程看，紫黄是被一步步神化和完善的，它在早期就是普通间色虫，没被捧这么高。"紫黄"出现得并不晚，南宋时期蟋蟀谱最早蕤集成章时应该就已经收录了，我们可以通过明代嘉靖本《重刊订正秋虫谱》的一些说法看出来：

红黄
头似珊瑚项斑红，翅如金箔肉相同。
腿脚圆长如玉色，英雄端不让诸虫。

紫黄

头如樱珠项似金，肉腿如同金裹成。

红黑两牙弯若剪，诸虫着口便昏沉。

黄者增释

夫真黄者，遍身俱黄者是也。红黄则有腿肉白之分，紫黄则重在头若樱珠之别也。至于项似金之说，则自有生以来未见金黄之项，此殆传之者谬也。但经黄色之项，必以桃皮、朱砂之类为是。

淡黄

淡黄生来腿肉白，项紫牙红头琥珀。

初秋斗间最痴迷，末后逢强绝口敌。

淡黄增释

始见红黄者，头似珊瑚，非红乎？今曰琥珀，亦红紫流矣；腿脚圆长如玉色，非白乎？今曰淡黄生来腿肉白者，又相似矣，则又何必分而为红黄、淡黄耶？予不敢削去者，恐前贤误刊耳，白之以俟订正云。

从《重刊订正秋虫谱》之重订者的疑问中，我们可以看到重刊者甚是老实，忠诚于原谱，不敢擅为修订。《淡黄增释》显然系重刊者所加，表达了他对淡黄的疑问，云"始见红黄者，头似珊瑚，非红乎？今曰琥珀，亦红紫流矣"。他的疑问其实来自对琥珀的误读，琥珀有黄珀也有紫珀，淡黄歌诀之琥珀自然指的是黄珀，所以和红黄还是能区别的。

紫黄在《秋虫谱》中位列真黄、红黄之后，排在第三，其后则是淡黄。紫黄在谱中只是一般间色虫，强调"重在头若樱珠之别"，而不提身具五色，实为紫、黄双色。同书中《胜败释疑论》说："五将军（指青、黄、紫、白、黑五正色）之外，有所谓紫青、淡青者焉，有所谓淡黄、紫黄者焉，又有所谓淡紫、黑紫、黑青、乌青者焉，虽可以彪炳将苑、树功程能，要之不可与五将军为敌者。"

这段话出自宋谱还是明谱新增，没有明确的证据，但重刊者未加质疑，显然是同意此说法，甚至这节就是重刊者所增内容。不管是什么情况，但至少可以表明，在嘉靖时期蛮家尚未将紫黄视为虫王。且歌诀所述"红黑两牙弯若剪"，如若指牙色或红或黑，问题不大；如若指两牙一红一黑，实为异虫，属阴阳牙，不能以常规论。"至于项似金之说"，《秋虫谱》之重刊者在《黄者增释》里也说："则自有生以来未见金黄之项，此殆传之者谬也。"亦可见重刊者凡遇不认同之处，自会明言。

其实项色是金黄，还是桃皮、朱砂、火盆底，就定色命名而言都无关紧要；是黄腿，还是黄中带紫，乃至紫腿，也无关大局——只不过是紫多黄少还是黄多紫少的问题。从定色命名的角度说，只要有了樱珠头、黄金翅配合，加之金黄斗丝，则此虫为紫虫与黄虫的间色虫当无争议。只是由于金黄斗丝，是以黄虫类为底而间有紫色，故称"紫黄"，而不能称"黄紫"。

紫黄被称为"足色"，推为虫王，是明万历时期的事，首见于《鼎新图像虫经》之《相法》，周履靖《促织经》之《看法》沿袭之："促织诸般色样易得，独有紫黄色，十无一个，谓之足色。此虫之形，光滑轻凝，紫带滑色，尤难得，佳者如或遇之，必然超乎其余之类也。"《鼎新图像虫经》基本抄自《秋虫谱》，或与之有共同的祖本，但又于他谱抄录了一些《秋虫谱》所无的内容。《相法》所述就是《秋虫谱》所无之部分。可知，这部分内容是万历时期新增的。但它仅仅是加在论述中，虫谱部分依然基本抄录前谱，未做大的改动。但此论强调此虫"光滑轻凝，紫带滑色"，似与前谱理解已有差异，也为后世将紫黄混入滑紫打下铺垫。

（明）周履靖续增《促织经》书影

　　《秋虫谱》为嘉靖丙午刊本，是为嘉靖二十五年，即公元 1546 年。万历一朝起于 1573 年，终结于 1620 年。《鼎新图像虫经》早于周履靖《促织经》，两者大致上都产生于 1600 年之前的一段时间，与《秋虫谱》相距不过半个世纪，但是前后的气候条件却发生了巨大的变化。中国的极寒天气在经历了南宋后期、元、明初之后，在嘉靖时期已然开始转暖。这是一个渐变的过程，至万历时期这个温暖期达到极值。这是导致嘉靖谱与万历谱对紫黄看法如此不同的气候背景和原因。

　　嘉靖时期气候虽已开始转暖，但远不像万历时期之温暖。陆粲《庚巳编》中有一则故事：一位赌徒素喜敬神，却又迷恋赌虫，屡战屡败竟至于败家，只好求助于神灵。后梦中得神人指点，于某处捕得一"黑虎"，遂将所输之钱全部赢回。虽系志怪小说，故事是编的，但其细节依然在无意中道出了当时的一些真实的气候背景："黑虎"能出大斗，可知当时气候秋冬季皆较为寒冷。《庚巳编》成书于正德十六年辛巳，是为正德末年，即 1521 年，此年嘉靖帝继位。可知正德时期与宋谱产生时的气候条件类似，都属于较为寒冷的历史时期，故而"黑虎"能有佳绩。至嘉靖中期气候已明显转暖。到了万历时期，气候的温暖程度已大有不同，此时出佳绩的转为紫黄。在经历了明末至清康熙时期的又一个寒冷期之后，康熙后期气候再一次开始转暖，至乾隆、嘉庆时期达到极值。所以我们看到，紫黄被认定为虫王，都是在温暖期发生的。蟋蟀谱中将紫黄列为第一，首见于康熙五十四年（1715 年）金文锦《四生谱·促织经》：

足色 紫黄

头似樱珠项似金，浑身蜜蜡自生成。

牙钳不问何颜色，咬杀诸虫最有名。

此虫樱珠头，红黄项，紫黄翅遍身油滑，小脚铁色，两腿起黑斑，腕上有血点者，最为难得。其红头黄项黄金翅者，间或有之。

金文锦谱虽称其为"足色"，但实际与后世所说之"足色"仍有差距。可以见出，虫王紫黄或称足色紫黄，实际是有从一般间色虫到虫王这样一个被神化的过程的，到严步云谱，此过程则基本完成。严步云谱中有关紫黄的描述，可以看出混杂了各色系虫特点，实则虫色过杂，属于大间色或多重间色，若放在其他色系中，则为看虫矣，必属花色；惟独此虫以黄为底，黄者可合五色，倒也不忌。但紫黄是否能长成此样，是有疑问的。这就如同中国龙，是一个组合成的神话动物，现实中是不存在的。当然，足色紫黄也未必就没有，估计十分罕见，余未尝见也。询之诸多老玩家，也都说见过紫黄，但不是足色。

严步云谱的这种描述实不如严格限定仅供定义足色紫黄使用，一般紫黄（或称正度紫黄）仍不妨采用《秋虫谱》歌诀，甚至突破其歌诀亦无妨。要点无非三个：樱珠头（或紫葡萄头）、金斗丝、黄金翅（或紫黄翅），至于其他生相都在其次。有了这三条，就是黄虫与紫虫的间色虫，定名"紫黄"就符合一般间色虫的定名规则。

其实历史上，"紫黄"在发展过程中也经历了起起伏伏，乃至有的谱竟指为白斗丝，反而成了青虫门的东西，比如《蚟孙鉴·后鉴》中即有此描述：

紫黄之蛋甚难真，千数中不一见。如黄头银丝麻路，青毛砂厚项，金翅，腿脚壮长，浑身高厚，血红钳者是也。此虫愈冷愈斗狠，系蜈蚣变。

咸丰时期麟光的《蟋蟀秘要》亦抄录此节，只是将"青毛砂厚项"改为了"青毛疙瘩宽项"，不是本质差异。但问题有二：一是白斗丝不能归为黄虫门；二是如其所述黄头、青项、金翅，那么紫在哪里，称为"黄皮青"岂不更贴切？从文本本身看，这部分内容是《后鉴》内容，似乎是重刊补刻者庄乐耕、林田九所补入，或非朱从延所为。朱从延能定名"熟虾青"，可知其于定色命名上是个明白人，断不会将紫黄描述为白斗丝。且《蚟孙鉴》"紫黄"条本身就存在，收录歌诀两首，第一首基本照录明代古谱，惟歌诀之第三句改为"钳须黑红惟嫌白"，对基本生相则无改动。第二首则为新增：

紫头朱项背如龟，青不青兮绯不绯。
仔细看来黄带紫，这般颜色定雄飞。

此歌诀的问题出在没有指出黄斗丝这个要素，如若是银斗丝，则有可能是"红头紫青"，抑或是南谱常常说到的老白青。

秦子惠深受《蛱孙鉴》影响，并极其推崇该书。但秦子惠毕竟是资深玩家，并不拘泥旧谱。其《功虫录》一书共著录"紫黄系"四条，但无一条称紫黄，而是皆加修饰。其上卷有"淡紫黄""老紫黄"各一例，下卷有"老黑紫黄""老紫黄"各一例。看看秦子惠的描述：

淡紫黄

道光三十年（1850年）　大六厘

深头圆项，生体长方，翅尖如蜂翼，淡金麻路，宝石红牙，肉身白而干老。初秋出土，颇类白青，项色半青半白，并少沙毛；中秋后头皮忽变蜜蜡色，翅色明亮如淡金，腿脚晶莹如白玉，其项半化为金，半起烂斑朱砂点，周身光彩，如宝如珠，色则似淡黄，似浅紫，似蜜蜡，背似白黄，光华闪烁，不可评定。以示养蛩惯家，无有能定其色者，性颇不驯，其走如驶，见亮则奔驰不定，且要沿盆数次，然从未见其跳跃，凡斗数十栅无敌，因以淡紫黄目之。

［按：此虫头皮蜜蜡色，并非樱珠头，基本以淡色黄虫为底，略带紫色，名之为"淡紫黄"妥当。］

老紫黄

同治五年（1866年）　杭码七厘

圆头圆项，头作熟铜色，金丝麻路，长薄白钳，项厚多沙，腰下极满，背若驼起，紫金翅微短而带尖样，紫油肉，光彩如绒，六足不长而脚力最健，两尾纯紫，数遇大敌，咬至数百口，精力倍加。闻其初出土，周身墨黑，并无麻路，斗后始渐退出，如剥去一层衣壳。自白露至结冬，数十斗无敌。

定色　分类

［按：此虫紫色明显，但不鲜艳，黄色基本不显，惟斗丝色黄，故称"老紫黄"。］

老黑紫黄

光绪十年（1884年）　六厘

方头阔项，短厚生身，开光黑面，钳大逾恒，两眼起而且前，当面视之，迥殊一切，状貌奇特，黑漆头皮，金黄斗线，铁皮项，翅色浓重而露金光。紫油肉，绒毛扇紧，不辨肉鳞，六足圆长，两尾黑而细润，周身宝光闪闪，于日中照之，第觉其精彩深沉，非只一色，比以他虫，殆无不精神淡薄矣。犹可怪者，早秋未落雌时，竟将磨细瓦盆，啮成一孔，深可分余，长且二三分许，其牙钳之硬，直与金石同坚。每斗一处，人皆争避，转栅极难，以故游历苏常两月余，仅斗八九栅，咬盆成孔，亦养蟋家所罕见也。

［按：此虫黑漆头皮、黄斗丝，翅色浓重而露金光，紫油肉，乃是黑紫与黄虫的间色。定名精当。］

老紫黄

光绪十七年（1891年）　四厘

深头圆项，生体阔厚，翅尖长，直包至尾。头色浓紫，明如宝石。麻黄斗路，阔面方腮。大红牙，粗厚无比。黑青毛项，紫金翅，肉作紫红色，腿脚微黄，两尾尤为绒细，鸣声尖而带厚，是为极苍老之虫。最可异者，早秋出土系杆子形，浑青色，奔驰跳跃，不可逼视，以虫试之，合钳之重，迥异他虫。寒露其色忽变，肚腹收拍，竟似合船形，此盖阔圆高厚，干老细糯，八字兼备者，宜其无有敌手也。

［按：此虫紫头，紫金翅，紫红肉，腿脚微黄，麻黄斗路，故而为一般间

色紫黄；头色非如樱珠，而系浓紫，故称"老紫黄"，亦非足色紫黄。]

之所以大费周章梳理有关紫黄的原始资料，目的在于破除当代对紫黄的拘泥和迷信。所谓足色紫黄也很可能曾有个案为基础，但大多是不断附会而成的。其原因在于，一般的间色紫黄未必是虫王。判断紫黄是否为虫王，一是要看其生相是否到位，生相不足，虽有紫黄之色也是枉然；再则，要看年景是否合适，天公不作美、不给力，紫黄不得天时之助，也难成虫王。虽然紫黄的适应面较宽，许多年景下都能有不错的战绩，但正度间色紫黄当在有数的几年中能出虫王，其他年景则不过一般将军。虽然紫黄大约在历史上气候的温暖期曾一度战绩惊人，给蛩家留下了极深的印象，但自道光晚期至晚清，气候转寒，紫黄不复旧时情形。而当时蛩家不明其理，推崇了一辈子，回不过嘴来，为维护紫黄声望，只好不断添加必要条件，如果败，那是败在你的虫不足色，以规避虫王名不副实的批评。但如此一来，条件过于苛刻，使紫黄愈发不易见。并且，如此搪塞，有碍质疑，使深入研究的可能被阻断，实则不利于对虫的深入认识。

故而后世有所修改。李大翀《蟋蟀谱》增添"淡色紫黄"：

色极轻清，与俗所谓紫白极相似，但微有黄色，而无一毫青白光者，腿脚亦微黄，腿腕上有血斑，其项亦紫色，惟牙红为佳，俗名"瘟紫黄"。

当代上海蛩家火光汉先生亦创"草紫黄"之名，用于表述不足色的紫黄，见于《蟋蟀的选养与斗法》。但其著录中，除1986年在安徽芜湖见到的一只是紫樱桃头、姜黄斗丝、乌金翅、紫绒肉，确为紫黄外，1958年、1989年所得皆为红斗丝。1958年为戊戌年，是紫黄最得气的年景，火老叙述此虫为樱桃头，蓝项，金背，黑脸，隐红斗丝，紫绒肉，蜜蜡腿，兼具紫虫和黄虫的特点，惟一的问题在于斗丝之红是否为头皮色所映射而隐红，我们不得而知。但此年当出紫黄。至于 1989 年，为己巳年，系红虫类出高品的年景，所述此虫樱桃头，头色隐红，满项朱砂，翅呈深红色，紫绒肉，紫绒尾，淡红斗丝，也确切无误属于红虫，业已不能归黄虫门，未可以"草紫黄"视之。当时蟋蟀古谱流传较少，火老所见古谱将紫黄指为大红斗丝，误导了他的定色命名。但火老敢于破除陈规，以"草紫黄"命名之，其勇于探索的精神仍值得后辈学习。

（本章中第 5 至 10，即足色紫黄、紫黄、淡色紫黄、黑紫黄、暗紫黄、紫壳黄，均属紫黄系。）

（三）黄虫品类

1. 真黄

真黄

天生金色遍身黄，肉腿如同金箔装。

黄头配有乌牙齿，败尽诸虫不抵挡。

真黄增释：此虫鸣声哑，撒翅如金箔或玲珑焉；项非桃皮则朱砂火盆底，有赤丁疙瘩，肉黄矣；更有黄毛丛丛焉，尾长矣，粗如铁线，上亦有鳞鳞长毛者，方为真黄也。

（录自明嘉靖《重刊订正秋虫谱》）

此虫古今各谱无争议，皆照录此歌诀。实则未必非得黑牙不可，能生黑牙固然可喜，得水土合德之相，品级亦高，但红牙亦好，黄牙、白牙也未必不厉害，未可过分拘泥。

既然是真黄，就属正黄，黄绒项、黄砂项即可，也未必桃皮项或火盆底项。不过，一般黄虫项上常见有红斑，有没有皆可，不忌。

历代古谱中惟周履靖《促织经·论真黄色》有其他说法：

翅金肉白顶红麻，项掺毛青腿少瑕。

更有一双牙似墨，这般相貌最为佳。

［按：既是真黄，就当是黄斗丝，周履靖却说是红麻，实在是无基本的定色原则，此歌诀弃之可也。之所以录之于此，更多的是想提醒年轻虫友，不必过分迷信古谱，古谱中糊涂认识很是不少，未可因其名气大而盲从，要自己动脑思考一下才好。］

实例

金黄

道光十三年（1833年）

此虫生相，前半方阔，腰粗尾尖，黄头黄项，蜡腿蜡肉，细金斗丝，麻路散布头上，红钳黑面，翅若涂金，鸣声啾啾，沙而带哑。开盆则两须搅扰，终日不定，厘码不过一百四十毫。中秋时曾与一小养户角斗，一时连赢四十余盆，内有饶大至五六十点者，均不多咬，致被借去，久假不归，闻其入栅，交口即胜。后因喂食疏忽，竟至跳去，未曾斗至结冬。此系童年所得，真数十年不一见之虫也。

（录自清秦子惠《功虫录》）

镇武大将军黄厚墩

甲子年（1924年）　山东宁阳　八厘八

此虫头圆项阔，身体雄厚，遍身黄色，六腿长大，更兼力猛无穷，牙大宽厚，红亮异常，局中人呼为硬牙，勇冠三秋，同人畏惧。曾将宪字黑青一口咬死，又上钟德大油葫芦青，李字青单尾等，皆一时名虫也。于十月十五日无意中与广字第一清口勇虫青条子角斗，伊虫体厚钳红，重青一色，遍斗无敌者，下盆时广字手执棒芙，以为必上。孰料交锋时奋勇斗战，牙力竟不能敌，只受一口而曳兵走矣。广字汗出如浆，手颤神变，乃曰：吾虫系清口虫王，今日因何一口即败？叨字曰：汝虫非不用力，在牙上打滑擦，如何能敌？从此黄厚墩威名大振，莫敢与敌者。于小雪（十月二十六日）恭祭虫王。颂曰：镇武大将军。贴喜字封盆大吉。

七绝二首以志威猛

头圆体壮遍身黄，熊背红钳腿更长。

威镇方壶名远播，三秋齐颂此为王。

其二

阔背圆腰蠢牙红，形方体厚力最雄。

都人皆诵虫王至，赫赫威名镇局中。

战功录

九　厘　八月三十日　上龙字青麻（力大牙硬）

九厘四　九月十一日　上钟德油黑（一口）

八厘八　九月十二日　本排上真青（一狠口）

八厘八　九月十四日　上李字青单尾（一好口）

八厘八　九月二十一日　上宪字黑青（一口咬死）

八厘二　十月十五日　上广字名虫青条子（清口名虫、镇桌上将、力大牙硬，只一口）

（录自近代恩溥臣《斗蟋随笔》）

2. 淡黄

淡黄

淡黄生来腿肉白，项紫牙红头琥珀。

初秋斗间最痴迷，末后逢强绝口敌。

淡黄生

黄头黄线项微金，两翅玲珑亦带金。

腿肉不毛稍似蜜，红牙如剪淡黄生。

（录自明嘉靖《重刊订正秋虫谱》）

"淡黄"歌诀似是描述了一个具体虫的生相，甚至包括了斗口的变化。

作为品种描述，实不应该以个案代替一般，极易以偏概全。此歌诀似乎并不高明，大约是产生于宋代蟋蟀谱的草创期。从《重刊订正秋虫谱》之行文可以看出，"淡黄生"为宋谱所无，系嘉靖重刊时所新增。虫名既称"淡黄"，当为单色、正色，只是色烙较真黄略淡。从这个角度看，淡黄生的歌诀更为贴切，或可移为"淡黄"使用。原淡黄的歌诀可弃而不用。

实例

乌牙淡黄

咸丰三年（1853年）　大六厘

前身阔厚，方头方项，白肉白腿，淡黄头皮，金丝麻路，老桃皮项上起毛丁，黑面，阔板黑红牙，仅开一线，肉身坚结，两尾尖长，似系骨多肉少，淡金翅，笼形极大，敌虫交口即走，此虫的系淡黄，然已三秋无敌。谱云冬虫，未尽然也。

（录自清秦子惠《功虫录》）

［按：于季节时相上考量，太阴上承少阳，起自大暑，止于秋分，是节气由夏入秋的转化期。从色相理解，上接红，下接白，黄居其间，似可理解为桃皮项者得火气较多，可早斗（白牙黄、白黄类则不宜过早开斗)。子惠之质疑是为一例。］

3. 深黄

深黄（明哑）

黄色生来金箔黄，腿脚斑黄腰浑长。

若生一副乌牙齿，三秋饶大莫商量。

（首见于明万历本《鼎新图像虫经》）

从定名看，此虫似较之真黄色烙要深，从歌诀上却看不出来。《秋虫谱》所附解释中，指真黄为红项，所谓"项非桃皮，则朱砂、火盆底，有赤丁疙瘩"。深黄不见于《秋虫谱》，有关项色也未曾提及。其实，真黄歌诀也未提及项色，而且也未必非得红项不可。那么此虫是否红项呢？是不是都没关系，不影响定色命名，惟斗品上可能有差异——红项者火性较强，性烈，但不及黄项者斗期长。以今日理解，真黄当系黄金色，深黄则当为老金色，深沉暗淡过之。现代装饰材料中，有一种俗称为"德国黄"的，用以描述深黄可能较为贴切。

此虫歌诀与周履靖谱中的稍有词句上的不同，清代各谱皆录，基本不做改动。近代严步云谱则不录。

实例

蜡腿黄大头

道光二十二年（1842年） 大七厘

熟铜头皮，金丝斗路，头圆结绽无脑搭，老铁皮项，宽阔而起毛丁，腰圆背厚，翅尖尾尖，细黄毛肉，六足如黄蜡捏成，粗长无比，鸣声尖而且老，有若铜皮糙米，白钳粗于米粒，启闭甚捷。杭码七厘之蛋，牙之长大，从未有过于此者。斗十数笼，不二夹，来虫弱者不过六足捧头；如遇名将，则一合钳，无不头开项裂。此虫喂以大米饭，能食粒半而腹不垂。至大雪后，口吐黑水数滴而僵，迹此知为老蝗所变。

（录自清秦子惠《功虫录》）

4. 狗蝇黄

狗蝇黄

麻头黄项翅铺金，腿脚斑黄肉蜜色。

牙钳若是黑如炭，敌尽场中为第一。

（首见于明万历本《鼎新图像虫经》）

　　狗蝇是一种寄生狗体的虱蝇，此处用以状色，本是为了形象可感，但是此物今日已不易见，反使人难以体会。不过有一种蜡梅也是借之名色，叫作"狗蝇蜡梅"，是一种略浅于金色的很娇艳的黄，若安于虫色，当较真黄色浅而艳，较之淡黄则饱和度要高。

　　周履靖谱照录，严步云谱则有不尽相同的说法：

　　此虫出土，头如金箔，蓝项或朱砂项，淡金翅，苍黄肉，淡黄足，紫钳红牙为上，白牙次之。

　　歌曰：

狗蝇出土淡金翅，颜色焦枯如败叶。

鸣声低哑足黑斑，霜降之前真无敌。

　　严步云谱不同之处在于"颜色焦枯如败叶"，当系承上句而言翅色，似是有色无光的一种虫，与狗蝇娇艳之色不符。从歌诀看，此虫整体皆黄，可谓纯色虫。秦子惠《功虫录》有一则似与之相类：

真黄尖翅

咸丰五年乙卯（1855年）　大八厘

　　小四字头，方项，腰阔背平，翅如金箔，鸣声极松；金黄斗丝，旁多麻路，头皮、项色、肉身、腿脚，一例俱黄，红牙紫脸。此虫出身极嫩，于处暑初出土，翅不能鸣，周身毫无颜色，以厘码较大养之。霜降节后，忽变成黄蛋，斗性最烈。牙不多张，交锋不过一二撮，敌虫无不却走。凡三到苏城，无有敌手。斗至结冬，鸣声犹松而不急。直养至正月，时已逢春，一日偶以芡拨之，始苏苏然作棉夹砂声。是盖有前生者，究不知是何变虫也。

5. 足色紫黄

足色紫黄

此虫出土樱珠头、金翅、蓝项，紫肉白足，黑脸赤爪；后，头变熟樱桃色，配红牙或绛香牙，身披五色，体俱五行，真虫王也！促织（遇之）不死必残。此虫难遇，真为奇货。

歌曰：

紫黄出土为五色，难逢难遇非易得。

诸虫一见尽消魂，不必拘泥问品格。

（录自民国严步云《蟋蟀谱》）

6. 紫黄

紫黄

头如樱珠项似金，肉腿如同金裹成。

红黑两牙弯若剪，诸虫着口便昏沉。

（录自明嘉靖《重刊订正秋虫谱》）

从间色虫的一般性来考虑，此虫只要能与《秋虫谱》所述大致相应，樱珠头或紫头，金斗丝，金翅，或黄项或火盆底项、紫绒项，是为紫虫与黄虫的间色，即可称为"紫黄"。属正度间色。

实例

金线紫

6.4厘　济南孙谦先生于1984年获于济南西郊大金庄

此虫8月1日获于一柏油路旁新建瓦房之石墙墙缝，道旁干净，不似产虫气象。远远闻之以为热籽，但心仪其鸣声宏大，且此处仅此一虫独居，遂捕归。

此虫紫圆头，出土即明亮出奇。金黄斗丝细直过顶，银额线。重紫牙，紫绒项宽厚，金黄翅紧贴虫背，蜜蜡肉，白六腿，大腿关节显红，两尾肉色细糯。

视其栖息地，觅食极困难，故出土时后身瘦削，仅重5.1厘，喂食后增至6.8厘，出斗时6.4厘。此虫为疏蛉虫，平素极少呼雌。斗前放三尾，未闻起翅，数秒内已过蛋，此为一奇。笑谈为美女爱英雄。

秋分一周后开斗，初战遇泰安地产名虫白牙青尖翅，生相入格，重7厘，在泰安已轻胜二场，均合牙即胜。此番两虫相遇，甫交牙，白牙青惊向后跳出落地，一牙已折（后来白牙青虽仅一牙开合，仍斗败数条名虫而立盆底）。

一周后对敌凶虫紫大头，其绝技为遇敌虫一勒即胜，已胜数场。此虫重于金线紫两毫，两虫相遇，只一口，紫大头即转，后惊跳出盆于桌上自转不止。止转后再入盆，一触须又惊跳出盆。金线紫立地鸣叫两声。此虫斗场上仅此次放叫，余皆不鸣。后济南众养家推举出好虫来斗，金线紫皆一口即胜，终生未改口。胜五场，无虫敢斗矣。

（录自柏良《山东蟋蟀谱》）

［按：此文当时系由孙谦先生口述虫况，由笔者执笔撰写，蒙柏良先生不弃，收入谱中。此虫紫头、金斗丝、紫绒项、黄金翅，实则是正度间色紫黄，惟头色不似所谓"樱珠头"鲜艳，且未能身披五色。当时笔者初学玩虫未久，

对历代古谱及流变了解尚少，亦受紫黄"足色"之困扰，踌躇再三，未敢径用"紫黄"之名，改以"金线紫"命名，实为大谬，致使分类、定名皆误。责任在我学艺不精，无关乎他人。]

7. 淡色紫黄

此虫较正度间色紫黄整体色淡，或头微红，或翅微红，但金斗丝仍是要件。或采李大翀《蟋蟀谱·淡色紫黄》：

淡色紫黄

色极轻清，与俗所谓紫白极相似，但微有黄色，而无一毫青白光者，腿脚亦微黄，腿腕上有血斑，其项亦紫色，惟牙红为佳，俗名"瘟紫黄"。

歌曰：

色极轻清淡紫黄，莫猜紫白细推详。
浑身只有微黄罩，毫发难容青白光。
超品红牙兼紫项，淡黄腿腕血斑良。
爪尖更妙黄同赤，须尾完全一色装。
笑煞姑苏名唤异，也将瘟字赠虫王。

[按：歌诀中第六句"淡黄腿腕血斑良"之"腕"字，原文中乃是左边"月"字旁，右边一个"介"字，今已不用此字，故依文意改为"腕"字。乃因腿之血斑大多出自腿腕之大关节，亦称"红筋"。但理解是否过狭或是否还有另外的理解，余不敢妄言，读者亦可自行判断。另，歌诀及解释惟独没有提及金黄斗丝这个最重要的条件，当予补之。]

实例可参照上文摘录之《功虫录》道光三十年（1850年）之"淡紫黄"。

8. 黑紫黄

此虫初看如茄皮紫，细看斗丝却非隐沉红斗丝，而系金斗丝，可称"黑紫黄"。可以秦子惠光绪十年之"老黑紫黄"为参照。

赠其歌曰：

乌头蓝项紫金翅，细审斗丝泛金光。

翅若乌黑肉油紫，功虫录上佳名扬。

9. 暗紫黄

黑紫头，青项或铁项，黑黄翅衣，暗金斗丝，可称"暗紫黄"。其色烙饱和度不及黑紫黄高，但与正度紫黄相比，却明显色重而暗淡。此虫可斗三秋。

赠其歌曰：

紫头金翅罩黑霜，犹若灯影观紫黄。

经天纬地埋紫气，战罢长城战长江。

10. 紫壳黄

紫头、紫绒项，并非黄金翅而是紫金翅，色烙或深或浅，但整皮一色，一身紫气，惟斗丝为金斗丝，当以"紫壳黄"名之。可参照秦子惠《功虫录》著录之光绪十七年（1891年）四厘之老紫黄之描述。但紫壳黄较之老紫黄，在指向上更加明确，更容易想象出此虫的基本生相。而老紫黄之名会有几个方向上的歧义，故不采用。实例可参见上文所录《功虫录》光绪十七年之"老紫黄"。

赠其歌曰：

紫袍将军元气好，金丝麻头雁翎刀。

独领中土十八郡，横刀立马意气豪。

[按：余初玩蟋蟀时，对古谱理解不深，曾将这类紫皮、黄斗丝的虫称为"金线紫"，实为不妥，乃因对"金线"之理解有误，进而导致基本分类有误。金线紫之"金线"，今日思来，非指斗丝，当指额线，系指生有金额线的紫虫，其要件仍是隐沉红斗丝或紫斗丝，归紫虫门。与此虫金斗丝之意趣大为不同，分列不同色门。

"紫壳黄"亦常见生为麻头者，麻路金色，常被误为"紫麻头"。然，此误由来久矣，乃出自《秋虫谱》有关紫麻头的描述。此处不赘述，详情将在"紫麻头"名下论述。此处仅指出：紫头黄麻路，紫金翅，紫绒项，一身紫气者当属"紫壳黄麻头"，为"紫壳黄"中的一个优良亚种；虽也列大将，但与隐沉红斗丝的紫麻头之虫王级尚有距离，其"值年"之年景也不相同。]

11. 赤头黄

红黄

头似珊瑚项斑红，翅如金箔肉相同

腿脚圆长如玉色，英雄端不让诸虫

（录自明嘉靖《重刊订正秋虫谱》）

《秋虫谱》以此歌诀命名"红黄"，但其所述与紫黄过于接近，惟腿色白，与紫斑腿相较，前者更近似于红；加之其头色亦为珊瑚色，红得鲜艳而不带紫色，故以"红黄"名之。但此虫除头色、项斑外，皆以黄为主，不若将此歌诀改称"赤头黄"。

12. 红黄

此虫与熟虾青类似，但较熟虾青之水红色色烙稍重，初看就是红虫，头、项、翅皆红，玉腿或有红斑，惟斗丝为黄斗丝，此虫称为"红黄"较之《秋虫谱》所录更为贴切。

赠其歌曰：

红头黄丝项斑红，肉色微红翅亦红。

腿脚圆长斑红色，寒露之前立战功。

13. 黑黄

黑黄

形象浑同一锭墨，细看翅上掺金箔。

牙钳更喜白如银，此样将军恶不恶。

（首见于清康熙金文锦《四生谱·促织经》）

金文锦以皮色分类，将此虫列于黑虫门，分类显然有误，也未提及斗丝情况。虫名之所以和黄有关，似乎在于"翅上掺金箔"，这给后世带来了很多误导。《蚟孙鉴》大约是在补刻时，将"黑黄"歌诀二首皆指为红斗丝，且有"肚赤"之说：

其一

血丝麻路背身昂，腿脚斑黄腰浑长。

若生阔项乌牙齿，三秋饶大莫商量。

其二

黑黄斗路隐藏之，日光照见似红丝。

腿黄肚赤如金翅，红白牙钳总是奇。

这两首歌诀实则是将黑黄与黑紫弄混了。由于这些错误，很多人认为黑虫可以不论斗丝色，只以皮色分类。其实黑黄、黑紫、黑青，就皮色而论，尤其在前秋，差异不大，就因为斗丝色才得以分清，归属不同的门类。黑黄为金斗丝，黑紫为隐沉红斗丝，黑青为银斗丝，至于真黑，亦为银斗丝，两者以肉色为区别。其鸣声亦当有差异。秦子惠《王孙经补遗》曾对黑虫有过专门论述："诸虫颜色，以斗丝为凭，而斗丝尤以金银二色为贵，如黑色中细银斗丝，知为黑青；蓬头金丝，知为黑黄；银红斗丝，知为黑紫。"

严步云谱对"黑黄"做了修正：

此虫出土，头如琥珀，金斗线，银抹额，蓝绒朱砂顶，乌金翅闪金光，亦有金翅黑肉者，乌金翅必黄肉。红牙、银牙、紫钳俱配此虫，性最烈，初次见亮则跳，不宜多看。此为佳品，得之宜珍藏。

歌曰：

黑黄出土如黑子，细识斗丝方识此。
初秋性烈宜暗藏，不识之人莫乱指。

［按：就这节而言，严步云之解释不及歌诀，歌诀用"出土如黑子"五字即已表达清楚，"细识斗丝"也能指明要点。其文字解释反而混乱。头如琥珀何能如黑子？揣度严步云的解释，大约是想表达某些黑黄在后期可能产生的变化。但留歌诀可也。］

实例

大项重青

咸丰九年（1859年）　产地无锡　杭码大八厘

阔生大头，项尤宽阔，俗称项套头。乌金头皮，金丝银额，黑面老红钳，牙门极紧，腰背阔厚迥异寻常，黑绒肉，两尾光润而轻细，腿脚圆长多黑斑，笆形极大，虽遇名将不二夹。落汤后数日不斗，即自将腿脚咬去，六足仅存半截，一着艾草，犹鼓翅如飞，盖毒虫也。

［按：此"大项重青"定色有误，金丝银额，已不能视为青虫，当归黄虫门。此虫黑绒肉，腿脚多黑斑，已带有黑虫特点，正是黑虫与黄虫的间色虫，故当以"黑黄"评价。］

乌青大头

光绪十一年（1885年）　七厘

半身头项，骨多肉少，方阔生身，翅厚而尖样，乌金头，铁皮项，细金斗丝，浑身墨黑，如蒙沙雾，干丁肉，六足斑狸而圆壮，牙不甚长，尤数宽阔。此虫出土已近秋分，稍带滞色，养未半月，精彩焕发，然性猛烈异常，因啮水盂，致将马门啮伤，收卷不起，偶试一斗，其落口重不可当，犹能一二口取胜。后值一劲敌，飞斗数百口，其时马门已烂，不能落夹，任其恶咬，浑身受伤，仅以头撞，而敌虫竟至力尽败去。盖因其性勇猛，如人之裹创苦战，不肯少屈者，然真蛮中之虎将也。及至落汤，马门僵硬，遂至不食以死。殆如人之有才而不遇时者欤。倘无此病，则以本年结栅之虫论之，位不在干青白青后也。

［按：此虫乌金头，金斗丝，浑身墨黑，六足斑狸，性猛烈，定为乌青有误，实为"黑黄大头"。］

（以上两例录自清秦子惠《功虫录》）

14. 暗黄

"暗黄"作为一个品种一般都不著录。常见蟋蟀谱有一个说法，认为黑黄性烈，若性不烈，则为暗黄。如此一来，暗黄基本沦为黑黄的次品，黑黄不够优秀者就被指为暗黄。这当然是在强调黑黄的品级高，但是黑黄之虫就一定都好吗，暗黄就一定都等而下之？蟋蟀若虫从立夏到立秋，也是奋斗了整整一个季节，就其成长而言，这个时期其实比成虫后重要。其间七蜕壳、栖息地、气候条件、土质、食料、天敌等"人生际遇"都可能影响虫的品质。等我们拿到成虫的时候，蟋蟀已然过了半生，底板基本已经定型了，无论我们怎样下功夫豢养，其干老度和底板情况实际可变量很小。完全以功利的眼光看待黑黄与暗黄是不合适的，也不利于深入地理解蟋蟀。所以，辨别黑黄和暗黄不能仅凭功利标准，仍当以客观标准判断，其标准就在于斗丝和体色：黑黄为金斗丝，带有光泽；暗黄则为黄斗丝，不带光泽，取其暗，翅色亦暗。能否有较好的战绩，则取决于虫的各个方面，并非品种这一个因素。

黑黄虽为间色虫，但水土合德，有天地交合之象，沛然大气，列大将之位。因其系与黑虫的间色，故可斗后秋。暗黄中也有一些是能斗后秋的，要视具体情形而定。

现代谱中惟柏良先生《山东蟋蟀谱》著录了暗黄：

暗黄

此虫出土黑头铁项，青翅枯焦。金斗丝粗浮渐显，体色较黑黄略浅淡。黄肉蜡腿，暗棕色关节，配重色牙为佳。系中秋斗虫。

五行中，土为黄色。土方位居中，能合五味，故与各色皆配。故黑黄配各色牙皆可，古谱中也有类似看法，《蚟孙鉴·后鉴》有过论述："有血钳黑黄，白钳黑黄，白花黑钳墨牙黄，墨花钳，红花钳诸种。"此番论述，用于暗黄亦合适。

实例

铁皮项黄大头

咸丰六年（1856年）　杭州　八厘

圆珠大头，星门充足，乌金头皮，麻黄斗丝，麻路多而不显，极似暗麻头；铁皮项上起黑沙，黑面焦红钳，根阔而头锐；六足长大，乌金尖翅，肉隐金光，干丁黑肉。早秋喂食过多，以致腰身僵硬，受芡不灵，曹平秤至二百二十毫。至落汤后，每日出粪十余粒，数日后落轻四五十点，肚腹收足，独见头项，矫健如飞。是年南浔之状元旗号于苏城设立铜旗，其虫名曰飞公鸡。与之合对，仅一二勒钳即已扯断项背，浆水自翅中流出，其力量直不可思议，真蛰中之霸王也。

（录自清秦子惠《功虫录》）

　　[按：此虫乌金头皮，铁皮项上起黑砂，乌金尖翅，这些特点都类似黑虫。而"麻黄斗丝，麻路多而不显，极似暗麻头"，说明仍归黄门。但不论斗丝还是头色、皮色，皆暗淡无光，精气内敛，正可诠释暗黄之"暗"。]

15. 白黄

白黄首见于康熙金文锦《四生谱·促织经》，其歌诀称：

> 头如蜜蜡翅铺金，肉厚牙红哪处寻。
> 细看浑身蒙白雾，咬虫浆水遍身淋。

　　此虫列黄虫门无误，从歌诀上看白色似乎来自身蒙白雾。至《蚟孙鉴》，略有改动，歌诀将白色的间色指为肉色、腿脚色和项上白毛：

肉白麻头金线额，白毛项上翅铺金。

六足灯芯牙红色，早秋赢到雪花侵。

至严步云谱，才改为我们今日常见的描述：

此虫出土，头似珊瑚蒙白雾，金斗丝贯顶，黑脸银抹额，蓝项铺白毛丁，金翅白肉，六足蜜蜡色，配紫钳或绛香牙，红牙则将军也。

歌曰：

白黄头色似珊瑚，蓝项金袍白肉拖。

配得绛红牙一对，马到成功奏凯歌。

[按：此处之珊瑚，当指白珊瑚；蓝项也非要件，土黄项、淡青项皆有，以生有白毛或毛丁为佳；虽谓之金翅，但色烙较浅。整体看上去，明显带有白色系的因素。从中医经络脏象理论看，阳明经与太阴经相表里。也就是说，白与黄两者之间是暗里相通的，其转换亦十分直接，无需假借他手。从斗丝看，黄虫斗丝与白虫斗丝都具有较粗浮的特点，这也是两者之间有内在联系的一个表现。这种联系尚不止于此。古谱称"白蜇以血色为贵"，这在后代基本成为共识，何以如是？从传统理论分析，五行中火克金，但金不得火炼则不成器。从五运六气中关于气候的理解来看，阳明燥金与少阴君火互为司天在泉，分主一年当中之上、下半年，于大暑日交割。有了这层关系，故白虫避不开少阴君火的影响。然，少阴君火有火之明而无火之热，并不为害于金。故白蜇当沾红紫为贵。但白黄有白多黄少者，亦有黄多白少者：白多黄少，自然紫牙占优；黄多白少者可能不太受此限制，红牙、黄牙、白牙皆配，但以挂黑线者或黑刃者为佳。盖因太阴湿土（黄）与太阳寒水（黑）互为司天在泉关系，黄虫以带有黑色为佳。]

16. 油黄

油黄

头圆腿壮遍身黄，翅滑如油肉带苍。

一对牙钳黑红色，此类蛮中是霸王。

（首见于清朱从延《蛀孙鉴》）

世传黄虫中以"油黄"为最勇。此虫亦属正色。但《蛀孙鉴》指此虫俗名"油纸灯"，似有不妥。"油纸灯"首见于《鼎新图像虫经》，复见于周履靖《促织经》，系"滑紫三呼"中的一种叫法："一呼梨樗採、二呼油纸灯、三呼沿盆子。"此内容不见于嘉靖本《秋虫谱》，系采自他谱。从"梨樗採"这个称呼看，似是蒙古语音译，当是元代蟋蟀玩家的称呼。由于有"滑紫三呼"这个总称在，斗丝色虽不能确定，但是紫皮虫无疑。而油黄当系黄皮且遍身油。故"油纸灯"很可能是指"油紫"，系一种淡色紫虫，称其"油黄"实为不妥。油黄就是油黄，不是油纸灯，至少不可混用一名。

一般来说，虫身蒙油即属老态，不可再斗。然油黄出土遍身油，是为常态，要点在于项不能油，星门不能油；周身之油退，反不能斗，乃老疲走色之相。柏良先生《山东蟋蟀谱》有所论述：

此虫大圆头黄底黑面，头光早开，整体披油润黄袍，黄项铺金砂，血红牙形獠，若油退现锈斑便不能再斗……别于萌油虫之处是项铺金砂。

实例

油黄麻头

7.6厘　济南赵春生先生1995年获于宁阳宫家村

此虫头形硕大高凸，头色如干黄菊花。金斗丝粗浮形明，金色星门圆整。黄项阔厚，黄金翅纹细，鸣声宏亮。整皮一色且色泽油润明亮。白肉黄斑，腿亦微黄生蜡光。一副超号大黄板牙。每日排一蛉便神欢勃旺。白露破口，因其相伟

（南方称大笔形），所斗敌虫皆是8厘以上大身虫，描打中无同分量的配斗。此虫在斗格中闻敌虫鸣声即如坦克车直撞对手，都是将敌虫推至斗格边一重口定局。曾斗得济南养家名虫花项淡紫，一口便散架。共胜十二场。

评析：此虫初秋即现油润，深秋亦不染锈迹，大食收拍。赵先生养功资深，此虫直斗到小雪结栅。

（录自柏良《山东蟋蟀谱》）

油黄

同治七年（1868年） 杭码七厘

出土颇似乌背黄，蓝青项，乌金头皮，惟蓬头金斗丝类黄虫耳，生体高厚，黑面红钳，养仅半月，遍体发油，腿脚肉身，俱如蜜蜡，斗丝头色悉化，沙毛尽卸，早起沙声，日日斗之，未逢敌对，甫交霜降，即僵立盆中，盖早秋将军也。

（录自清秦子惠《功虫录》）

17. 砂黄

砂黄

异色砂黄要觅难，遍身隐隐露红斑。

牙乌肚白黄金翅，莫作寻常促织看。

（首见于清乾隆本《蚟孙鉴》）

《蚟孙鉴》歌诀所述与"砂黄"之名关联度似乎过少，单从歌诀内容看，看不出砂在何处。后世严步云谱则有另外的表述：

此虫出土，头如琥珀，蓝项毛丁，古金翅，黄肉白足配紫绛香牙、红牙皆可，项上有砂，故名砂黄，亦各虫中之佳品也。

歌曰：

砂黄出土如青子，顶贯金丝肉带黄。

配得紫红牙一对，来虫强大又何妨。

［按：严步云谱文字解释部分与歌诀不太符合，解释部分称"头如琥珀（这里应当理解为黄珀)""古金翅"，是其"黄"之所在。歌诀却说"出土如青子"，则皮色基本为青。虽歌诀中以"顶贯金丝"为据将其定色为黄非常正确，但歌诀所述终归与砂黄之名关系不甚密切，大致上属于青皮黄。］

肖舟先生谱则改为：

砂黄出土如金子，顶贯金丝肉带黄。

配得紫红牙一对，来虫强大又何妨。

此虫头似琥珀，蓝项或朱砂项，上铺黄沙……

柏良先生谱则指此虫为"黄袍盖体，黄项铺满金砂"，与肖舟先生看法类似。总之，砂黄当以遍身黄为常情。

至于《蛀孙鉴》所述"遍身隐隐露红斑"，如若火盆底项起朱砂斑，似可用以描述"红砂黄"。以此为判例，则可将项翅起白砂者称为"白砂黄"，起黑砂者称为"黑砂黄"，而身着黄砂、不加修饰者，径称"砂黄"。但终归要以虫色本身黄色明显为主旨，若如严步云所述，一身青皮而具金斗丝，似可加上修饰的前缀，称"青皮砂黄"则无误。

实例

沙黄

咸丰四年（1854年） 大六厘

阔圆高厚，龟背虾腰，老青项，熟铜头皮，虎黄斗丝，麻路俱作金色。糙金翅，声如破锣，红牙上起黑斑，腿脚苍狸，黄肉黄尾，浑身如蒙黄雾。色光转似不足，实则为沙所掩。每一合钳，敌虫立毙。此系异虫，蛉不常见。必呼雌二三日始一贴雌，一柄两蛉，形同并蒂花果。是谓双蛉将军。

［按：砂黄之命名着重于砂。所谓"油毛沙（砂）血"，皆是蟋蟀底板老足的表现。此类并不单纯出自正色黄虫，亦有间色者，秦子惠《功虫录》曾著录数条间色砂黄。］

黑砂青

光绪十一年（1885年） 八厘

头圆而足，项阔而深，乌金头，铁皮项，生身高厚，腰背丰隆，金丝贯顶，绝少麻路，浑身漆黑，砂晕丛丛，翅厚而尖，鸣声洪亮，老象钳，粗于米粒，肉身绒细，腿脚烂斑，两尾尖长而微紫，性最怯亮，开盆则奔驰不定，入栅亦然，以故斗品极武，脚力稍浮，然一合钳，故虫无不头开项裂，至有跳毙者。此虫深汤中食量如早秋，喂以全米粒半，可立尽，肚腹微拖，而笼形极大，亦不可解之理也。

［按：此虫金丝贯顶、腿脚烂斑，自不当以青虫论，仍当归黄虫门，秦子惠定名有误。乌金头、铁皮项、浑身漆黑，当有黑之间色，似当以黑黄名之，因其"砂晕丛丛"，可谓"黑皮砂黄"。］

老壳砂青

光绪十二年（1886年）　六厘

常熟喂养秋虫，早秋只喂饭一颗，至捉户贩户，并皆间日喂饭，盖欲其肉少而头项大也。然每至饿坏，致虫体受伤，虽有佳虫，难期结栅。春大（指虫贩）砂青于九月初始行出卖，当时肉不甚足，生体阔方，头圆项阔，青金头皮，淡金麻路，老象钳，启闭甚捷，鸣声尖急，六足浑长，浑身颜色澄清，绝无潮嫩等病。食量最大，能尽米两粒而腹不垂。斗至落汤，转能得肉，毫码亦比汤前较重，鸣声微哑，周身砂雾丛丛，光彩若为砂掩。其性最烈，进汤更甚，开盆见亮，即已鼓翅张牙，故其合钳最重，偶遇劲敌，直将来虫咬毙。惟足力稍逊，实早秋饿伤之故也。

〔按：此虫淡金麻路，进汤后鸣声微哑，性烈，皆为黄虫要点；"周身砂雾丛丛"，一身青皮，正可称为"青皮砂黄"。〕

（以上三例录自清秦子惠《功虫录》）

18. 蟹黄

蟹黄

血丝缠头项背驼，牙红长脚蟹婆娑。

腿桩点点红如血，日斗三场也不多。

（首见于清乾隆本《蟋孙鉴》）

此虫描述为"血丝缠头"不妥，如是，当归红虫门。后世严步云谱所改较为贴切：

此虫出土，翅微黄，头微红，肉身黄，白足。至深秋，头如天竺果，翅色如煮蟹黄而带赤，故名。宜配紫钳红牙。

歌曰：

蟹黄生来黄隐红，头如天竺翅玲珑。

几番临阵多雄壮，霜降还能立大功。

[按：严步云此说亦有两处不妥，或不够工稳之处。其一：天竺果，色红艳胜山楂，如果深秋头色转为此色，不若称为"赤头黄"。严步云谱比较喜欢谈论蟋蟀在后秋的色转，但不可能每种虫都有这种变化。其二：白足之说比较可疑。黄虫生白足者极少见，一般为黄斑腿，蜡腿为上。]

蟹黄之名后世较少使用，不太容易找到标准的实例，秦子惠所著录之"方黄"有相类之处，且方黄有体宽之特征，与蟹之意象相类，惟皮色却类暗紫黄：

方黄

同治五年（1866年）　大八厘

紫铜头皮，老而薄亮，麻黄斗路如垒金丝；生体阔方，背仍圆满，淡红牙上有白竖纹，紫绒项，圆而宽厚，四足明净，两腿多黑斑，糙金翅，肉带紫油色，尾极光润长尖。寒露至结冬无敌，汤中头色益明，与琥珀无异，此直谓之老紫黄亦可。

19. 乌背黄

乌背黄

此虫出土头如金琥珀，黄斗丝黄脑盖，银额线，蓝项起毛丁，乌黑金翅闪金光，雪白肉身白六足，鸣声洪亮。宜配红牙为上品。

乌翅金头白六足，鸣声如雷气势壮。

红牙配得乌背黄，斗尽战场逞英豪。

（录自李嘉春《蟋蟀养斗技巧》）

乌背黄之名不见于历代古谱，严步云谱、李大翀谱亦未录。当代柏良先生《秋战韬略》收录此虫，但列于"异色"类，所述与李嘉春谱基本类似，惟指头如"黄铜色"，似较金琥珀头更为常见。

李嘉春先生得师传，以五黄、八白、九紫、十三青平了正统落色，紫黄与天蓝青以虫王身份单列。黄虫正统落色仅得五例，是为正黄、黑黄、白黄、乌背黄、油黄，而传统经谱中常见的狗蝇黄、淡黄、砂黄、黄麻头、红黄则列于"花色异品"三十五例当中。正统落色、花色异品各三十五例，加虫王两例，得七十二地煞之数，应当说李嘉春先生是具有传统文化情怀之人。但将淡黄、黄麻头归入花色虫，则过苛，令人难以接受。

大自然变化无端，造化之奇异无所不有，不可能按照预设和计划只出多少个蟋蟀品种，除非选择权在人。李嘉春先生如此之小的正色编制中既容"乌背黄"，当系掂量再三的结果，似对此虫有特殊的感情和认识。此经验亦当予以重视。

实例

黑壳白青

同治七年（1868年）　大八厘

阔方大头，厚青砂项，头皮如老草色，淡金斗丝，满头麻路，浑如八脑线，锅底黑面，焦黑红牙，粗于米粒，翅如元缎而罩青光，鸣声躁老，腿脚圆长，干黑肉，笼形极大，一时无两，头形凶恶，状貌瑰奇，直如有骨无肉，周身砂晕纯黑，而斗丝头色，实系淡虫，此等色相，经所不载，是为黑壳白青，真鉴赏家得之，可不待出栅而知为无敌矣。

［按：此虫"翅如元缎"，所谓元缎，系指纯黑之丝绸，有一定光泽。此虫头如老草色，淡金斗丝，已不能再列青虫门。秦子惠分类有误，用以描述乌背黄却恰如其分。］

乌背青

光绪十一年（1885年）　八厘

浅淡头皮，金丝麻路，头项充足，生体阔厚，而尾仍尖样，青项乌背，黑脸红钳，鸣声尖急，肉情绒细，此虫出土时稍稍练钳，斗后则有时练，有时不练，所谓硬马门也。性烈，尤能受口。落汤后曾遇一名将，初则腾掷对拔夹，继则嚼钳结球，直咬至千余口，彼此均以重伤，卒能以小口取胜，使敌虫绝芡，亦可谓真了虫也。

［按：此两则命名皆有误。不论淡金斗路还是金丝麻路，都不能再划入青门，皆系黄门之间色。此两例所述，基本符合乌背黄的特点。］

（以上两例录自清秦子惠《功虫录》）

20. 青黄

"青黄"在早期古谱中并无。明谱所云"黑白全无用，青黄不可欺"，应当来源甚早，当系蟋蟀谱初创期即有，但指的是种类，而非单个品种，意思是说黑虫类、白虫类全无用，青虫类、黄虫类不可欺，非指"青黄"单个品种不可欺。盖因当时出斗过早，洗盆亦早，又无用暖之法，故于黑白两类的斗性、斗品尚无深入认识。

《秋虫谱》著录过"青黄二色"，视为"兼色"。此"兼色"非彼"间色"，系兼有之意，而非色类混合之间色，是故万历本《鼎新图像虫经》有"青黄二色翅项明"之说。但《秋虫谱》所著录之"青黄二色"系白斗丝之虫，故仍当列青虫门。而至鼎新谱、周履靖谱则不论斗丝色，难以归类。故后世常将其列于"异色类"。但事实上不当以"异虫"看待，仍可视为间色。周履靖谱著录"青黄二色"歌诀两首，其第一首云：

> 黄头青项翅销金，二色俱全便为最。
> 若还三件一起生，斗到深秋绝无对。

"若还三件一起生"，那第三件究竟是什么呢？也许就是指头、项、翅这三件，但多少有些意义不明，亦不好妄自揣度。"黄头青项翅销金"之说，只是青项明显，所需补充的是黄斗丝这个要件。则周履靖此歌诀似可改造为淡色青黄的歌诀：

淡色青黄

> 黄头青项翅销金，细看斗丝亦为金。
> 鸣声有似青虫叫，斗到深秋亦安心。

实例

淡青尖翅

大七厘

深头长项，生相平平，腰背不甚丰满，两翅尖长，色如稻叶，微带黄光，淡金斗丝，白牙扁阔，如成衣剪刀式。善斗能盘，落汤收夹。鸣时竖翅不落，初翅沙声，以为尖圆翅，无足异。后乃愈叫愈急，朱朱然一气不断，竟似草虫嘶鸣，绝不类蟋蟀鸣者，其声真乃得未曾有也。

〔按：此虫定名为淡青，实有不妥。淡金斗丝，翅色又带黄光，鸣声亦如黄虫，还是应归入黄虫门。秦子惠既然定为"淡青"，当系以皮色命名，故而皮色必有明显青色，或可称为"稻叶青黄"，亦可理解为"淡色青黄"。〕

红牙白黄

四字头，老草头色，麻黄斗路，方项毛燥而起青斑，黑面紫红钳，金翅黄毛肉，六足洁白，生体阔方。凡遇大敌，最能受口，与葛云甫会于苏城，斗数百口，须尾尽脱，精神倍加，胜后遂封盆。后晤云甫于上洋，云下锋仍斗至结冬，又胜数栅，则此虫亦可谓无敌矣。

［按：“老草头色”实为干黄色烙，麻黄斗路，项有青斑，金翅，这几个特点基本与周履靖谱所述一致，属于黄多青少之“青黄”。］

（以上两例录自清秦子惠《功虫录》）

21. 重色青黄（新增，或称：青皮黄、青皮暗黄）

古谱中未设此名目，“青黄”之名用于指称单个品种出现很晚，首见于近代恩溥臣《斗蟋随笔》，乃一实例，系指整皮青色而斗丝为黄色之虫，为重色虫：

无敌大虫王　青黄

庚申年（1920年）　山东宁阳　八厘八

此虫高头，黄麻白络贯顶，青项青身，遍体青色，六腿长健，深圆背厚，体壮雄伟，血红大蠢牙，真勇虫也。交锋时神欢口快，急如闪电，敌虫似未搭牙，而身耸牙坏矣，适南城方壶斋蓄有乌头金背子一条，伊虫形方体厚，金背乌头，蓝项白牙，真名虫也。广字爱护珍之。八月十六日，与青黄角斗，未斗时，广字擎棒持芡，有所恃而不恐，以为必胜，捧局者亦云：今看他怎咬。及至交锋，乌金背宣须怒尾开牙，方递，似未搭牙，而乌金背身耸一团，拼命挣脱，头歪须僵，勉强张牙发愣，转瞬之间，又复一口，乌金背身扭牙坏，如断篷之舟，旋转不已，惊窜而逃。广字汗湿红毡，手颤面赤，大叫道：好厉害蛐蛐，好快口，吾虫不幸遇上硬对，不容还口就坏了，此虫今秋无挡，下次多赌洋钱。从此威名大振，广字闻风远避，偶然相遇，即约往牛肉湾王家赌现洋，实惧青黄之勇耳。其龙字勇虫青厚墩，只半口，而牙损惊窜矣，余青黄钳硬似钢，口快如电，体壮神欢，诸虫避易，真清口虫王也。因留打将军，未肯多斗，孰料今秋各局场并无祭神之处，乃于十月二十八日（即大雪日也）恭祭虫王。颂曰：无敌大虫王。贴喜字封盆大吉。十一月初三日荣终。

战功录

九厘二　八月十六日　上广字大像乌头金背（口口香）

　　　　九月十三日　吓走山字名虫青短须

九厘九　九月二十一日　上龙字勇虫青厚墩（半口）

九厘二　九月二十七日　吓走广字（望风而逃）

［按：黄头，黄斗丝，青项，黄翅或青黄翅者，习惯上称为"青黄"，故此虫当命名为"青皮黄"或"青皮暗黄"以示区别，并表达此虫整皮整色与青虫相类之意。如若继续称为青黄亦无不可，可理解为"重色青黄"，但终归是青多黄少之虫。虽然古谱未曾有此命名，但也绝非不合理。既然出土如黑子、具金斗丝者可以命名为"黑黄"，那么一身青皮、具黄斗丝者，何以不能称为"青黄"？从命名上讲，二者恰为同构关系。其区别在于，黑黄色黑浓重，腿脚黑斑较重，以黑虫为底色；重色青黄（或称青皮黄）出土如青虫，惟斗丝金色，以青虫为底色。］

恩溥臣著录此虫青头、青项、青翅衣，项大腰粗，整皮一色，初看与青虫无异，惟斗丝色黄，麻路却为白络，乃是两者间色。

此类虫六足非玉色，一般带有斑点，或多或少，并无一定之规；斗丝

138

为黄斗丝，与典型的青虫相较，斗丝略显粗浮；牙色黄、白、红者皆有。近一二十年来，山东宁阳、邹县一带，此类虫倘为尖翅，常能出大斗。余二十年间数次得此类，第一次为 20 世纪 90 年代初期，堪称"跑马黄"，大脚钩超大，每入盆，奔驰不定，点草乃止。此虫为黄板牙，斗口凶悍，常一口胜。第二次乃系白牙，出斗号称"白牙青"，实为青皮黄。试虫时，微露牙钳，一歪头即胜；后至斗场，常能于一合一送之际取胜，所胜皆名虫。惜乎命短，国庆节期间老衰。2011 年济南张铁军先生亦得此类，系红牙，为无敌大将，并能斗后秋，于上海斗场大胜 11 路。此虫情况见于济南蟋蟀协会《中华蟋蟀》创刊号所登《何日君再来》一文，该刊封底之蟋蟀照即是此虫，但印刷偏色使黄斗丝弱化为白斗丝。

此虫当为青虫与黄虫的间色，其父母本必有一方为正青。蟋蟀于荒草野地间栖居，起性交配，于色烙上并无特殊要求，同类正色相配的概率极低，故间色者居多，"青皮黄"就是较为典型的一种。

附赠歌诀：

整皮整色似正青，金黄斗丝显真形。
牙钳不拘何颜色，力大牙坚一蹭赢。

此色类自古至今实例很多，也是常见的一类。只是古谱无此名目，多将其分到其他各类之中，秦子惠《功虫录》中所录青虫就有很多属于黄斗丝的青皮黄。

实例

红牙青

同治十一年（1872年） 七厘

圆头圆项，状貌阔圆，而腰背至尾又如杆子形式。乌金头皮，光明如镜，黑面红钳，金丝麻路，厚青项，翅纯糯如元缎，周身精彩，耀目增光。其精神之充足，宝光直自盆内涌出。肉身细结，腿脚浑长，行口极文。秋分至交冬，斗十数栅不行夹。至深汤遇一名将，腾掷持击，飞斗数百口，胜后仍不二夹。

[按：此虫皮色类黑青，但有金丝麻路在，仍当归于黄虫门，实为"重色青皮黄"。]

尖翅老壳青

光绪三年（1877年）　大七厘

长头充星门，深圆项，腰背浑长，尾际尖于纸捻。乌金头皮，金丝麻路，铁皮项，上起毛丁。翅尖若土蚕，作老椐叶色。鸣声与括铜皮无异。黑面焦红牙，身比碌碡，结实无比。六足长壮，芡步极重极灵。每斗交牙，敌虫即掷至背后。斗十数栅无少异，如名将冲锋，全无照面。真了虫也。

[按：此虫金丝麻路，鸣声又如刮铜皮，低沉而厚，斗性猛烈，全系黄虫特征。]

铁色红牙青

光绪六年（1880年）　八厘

大头阔项，腰背丰满，淡金麻路，阔板红钳，肉老而绒细，尾糯而尖长。头色光明，项皮老厚，铺满青砂。色光浓厚，在重青、正青之间，非寻常黑色青可比。钳门之紧，亦属异相。初受草张牙颇迟，似极费力，必三数草始能张足。然闭钳极快，故其合钳之重，十倍他虫。犹记在上洋与嘉兴帮合对，仅一勒钳，而敌虫已项背分裂，浆水出自翅中，其力量真不可测度。初秋出土，便极苍老。落汤后食量倍增，而笼形最大，每斗必让毫码。嘉兴、嘉善、平湖及浦东各旗号，望风披靡。真了虫也。

［按：以上三虫，皮色皆为重色青，斗丝却为黄斗丝，秦子惠皆定为青虫，委实不妥，仍当归黄虫门，名之为"青皮黄"可也。］

（以上三例录自清秦子惠《功虫录》）

22. 黄花头（附：菊花黄）

"黄花头"见于严步云谱，但仅有歌诀，未作详解。肖舟谱则既有歌诀，亦有详尽解释：

金线贯顶实堪夸，蓝项朱砂品亦佳。

试问如何分辨得，头似一朵黄菊花。

此虫金斗线透顶，蓝项或朱砂项，遍身蜜色，最出奇的是开花大麻头，斗线顶端，细丝权生，斗线之间，麻路细密，形如菊花花瓣散布头上，故名。宜配黑牙、紫牙。

［按：此虫当系黄麻头中的特例，其麻路奇异，极为少见。］

实例

尖嘴形黄麻头

六厘一　济南王龙1992年获于白马山

此虫头形圆实结绽，脑盖干菊花色，麻路细密满头丝占。黄项方阔。黄金翅苍秀干洁。一副超号大白牙。身形宏伟，相大如8厘大虫。白腿黄肉。白露前破口，每斗均轻夹重出，在济南斗场上胜30余场，每斗皆是一口定局。直斗到深秋。近冬时节缩身不食，子门干结，僵于盆中犹栩栩如生。

（录自柏良《山东蟋蟀谱》）

附：菊花黄

黄花头命名着重于麻头、满头丝占犹如菊花，而"菊花黄"则强调色如菊花。

此虫整皮无杂色，色如黄菊花之明黄；顶门亦黄，而非黑顶门，似属缺陷，但色烙较脑盖色深，故断色依然十分清晰；斗丝色亦黄且鲜明。余少时尚是"文革"后期，同伴祝延辉曾于山东建筑学校捕得此虫。此虫性躁，闷养未及两日，尚不服盆。余心急欲看，甫开盖，但见虫于盆中疾速盘旋数周，尚未细审，此虫即以极快速度蹦出逃逸。我二人扑纵蹦跳，本领用尽，仍未能捕回，余亦懊悔难当。本指望此虫夜间放叫时再行捕回，不料却从此再无音讯，或已逃远，或已毁于天敌之手了。但此虫色烙之鲜明自此难忘。

再次见到此类虫已是 20 世纪 90 年代初。彼时余重拾少时爱好，恢复玩虫。忽一日，时已过午，偶得闲暇，思想少时趣味，心痒难耐，遂急赴虫市。当时已是后秋，济南英雄山虫市已然散掉，余怅然若失，四处打探，偶遇济南王金城先生。先生大度，见我痴迷，以一面之交，慨然允诺将家中所余之虫全部送我。待我隔日上门领受，金城兄倾其所有，赠余佳虫十余条，其中就有一条"菊花黄"，系捕自济南无影山老屯一带。此虫性亦躁，虽已是后秋，仍健步如飞，跑盆不已，与余少年时所见无异，至此始相信这种色类应该是一个品种。此虫健斗，斗口如飞，与所赠之另一条三段合对，口口见口，势均力敌，难以拆解，待拆解开，两条皆废。三段瘪一牙，此虫肚腹被蹬开，甚是可惜。但此虫级别未达高位，或因为顶门不黑之故，倘黑脸黑顶门，级别或可提高不少。

此后再没见过此色类。从古谱的情况考量，此色烙是否为"狗蝇黄"？余生也晚，见识不广，未曾见过狗蝇这种昆虫，难以断定，但从狗蝇蜡梅之色推之，似乎无大差别。赠其歌曰：

遍身明黄似菊花，性躁依稀恨年华。
抛掷合夹全用尽，犹恋疆场不下马。

（四）附记

　　历代古谱皆著录黄麻头。以定色命名方法而论，黄麻头是以特点命名的，于色烙方面仍归黄虫，故而有黄麻头、淡黄麻头、紫黄麻头、黑黄麻头、暗黄麻头，等等，此处不再单列。

　　"跑马黄"亦是同等情况，也是特点命名，与色相关系不大。至于《蚟孙鉴》所提及的麻皮黄、菜叶黄、麦柴黄、金匾方等名目，亦是就地取材，以物状色。只要有金或黄斗丝这个前提，一切可随机而定也。

（一）总论

紫虫是被误解最深的一个门类，主要的问题在于以什么样的标准来认定紫虫，需要哪些要件。《重刊订正秋虫谱·五色看法重辨》中说"紫要头浓红线，腿斑肉蜜"，可视为紫虫定名的总纲和要领。

自乾隆年以来，紫虫被提到了一个前所未有的高度。在此前的蟋蟀谱中，一般蟋蟀门类的排列都遵循青、黄、紫（包括赤）、白、黑的顺序。这也是对虫品优劣的排列顺序，《重刊订正秋虫谱·胜败释疑论》中说："虫有青黄赤白黑之分，其色有次第，其才能亦次第为高下者，是以青胜乎黄，黄胜乎紫，紫胜乎白，白胜乎黑……"而到清代乾隆时期刊刻之《蚟孙鉴》，则将色类排列为紫、青、黄、白、黑，其《促织论》云："大抵白不如黑，黑不如赤，赤不如黄，黄不如青，青不如紫。""青不如紫"这个说法始于此谱，和此前谱系的说法是不一样的。究其实，乃因彼时气候条件较之明代前期、中期以及明末清初要温暖很多，影响到了蟋蟀出将的品类。当今时代之气候较之民国和20世纪六七十年代要温暖，一方面真正的紫虫战绩颇佳；另一方面，皮色受环境的影响较大，虽然有的虫从遗传上不是紫虫，但受气候条件影响，皮色泛紫的不少，战绩也不错。皮色泛紫或副斗丝内侧不连环的虫，仔细考量却也很难都视为真紫，多系紫皮虫，或祖本曾有紫虫的遗传基因。在当代气候不断转暖的条件下，这类虫不乏上佳表现，故比较受虫家偏爱。较能反映这种偏爱的是一个很含糊的称呼："紫壳白牙"。此称呼不能视为定色命名的称谓，只能算类似"单腿大牙"这样的一种特点描述，很难真实反映其实际的色类。比如黑皮虫中也有真黑、黑青、黑黄、黑紫之别，如果我们以"黑皮红牙"表述，则很难界定其色类，也难以推动后续的研究和总结。

与紫虫相类的是红虫。

红虫与紫虫就五行分类而言，同属"火"。但两者有区别，区别在于六气中的细分。在传统中医视野中，尤其应用于气候与生命现象的关系时，"火"被一分为二，分列少阳和少阴。通俗的理解，就是日月之别：少阳为日，少阴为月。少阴有火之明，而无火之热。故而，红对应的是少阳，相对较为单纯，从色彩上理解就是红；紫对应的是少阴，为"水火合德"之相，从色彩理解则为紫。由于表里关系等因素，红虫与紫虫的区别有些类似青虫与黑虫的区别，其深层原因和背后机理我在《解读蟋蟀》的《红与紫》一章中曾有详述，此处不再赘述。

红虫腿较干净，有的为玉腿，有的略有红斑（其分布状貌颇类青虫中常见的鱼鳞状）；肉色或淡红或白。而紫虫腿部则有较浓重的块斑，肉色亦有紫绒肉等情况。紫绒肉粗看上去类似"粗皮"，也正是因为紫绒肉与单纯的白肉、黄肉在视觉上有明显差异，故而古谱有"紫不厌粗"之说。但这是指早秋时的情况。以柏良先生的经验，这类虫养到中后秋，油光显现，润泽滑腻，毫无"粗"的感觉，而早秋的"粗"是紫绒毛导致的视觉印象。

蟋蟀系"阴虫"，喜暗畏光，与蝈蝈这类"阳虫"很是不同。从阴阳的角度说，青（厥阴）、黄（太阴）、紫（少阴）属三阴，而红（少阳）、白（阳明）、黑（太阳）属三阳。我们常见的蟋蟀以三阴类较多，是为青、黄、紫，而三阳属之红、白、黑比较少见。

但是紫毕竟五行属火，紫虫身具阴阳两种属性，故而在三阴类虫中是最少的。也许有人会不认同这个看法，其实主要是因为对紫虫的认定有误。如果以严格的标准认定紫虫，大多数我们习惯称为紫虫的蟋蟀，不过只是紫皮虫，或间有紫气的虫，并非真正的紫虫。单凭紫虫应具有隐沉红斗丝或紫斗丝这一条，就能将绝大多数的紫皮虫驱逐出列。近几十年来兴起的以副斗丝丝形认定蟋蟀色类的方法，亦对紫虫的扩大化推波助澜。古谱中说"紫夺五行之粹，耐老而远从"，又认为"紫麻头"位列虫王。以副斗丝丝形认定出来的紫虫，若不具备隐沉红斗丝这个要点，多不具备上述斗品的特点，战绩也未必佳，大家当有体会。

我在《解读蟋蟀》一书中，曾尝试以全息论的视角，将音、色转换对位，以音律之占位映射讨论蟋蟀色类的占位。盖因宇宙全息，自然界万事万物的构成和演化皆遵循同一原则。所得认识虽未见得就对，但还是有一定道理，这是自然原则带给人们的启示。

如果严格地看待紫虫的话，余以为紫虫实有两类，且有相当差异。我们在前面的青虫一章中，曾讨论过节气与厥阴、少阴、少阳的时相问题，我们看到的第一类紫虫为重色紫虫，是黑与红的混合，属于"水火合德"。在中医理论中，手少阴心经、足少阴肾经，心肾合一。而心属火，肾属水，两者合一，乃是脏腑意义（也可以称为"功能意义"）上的"少阴"。另一类淡色紫虫为节气中少阴正位，介于厥阴、少阳之间，也就是介于青与红之间，或两者合二为一，其色系较明。

从色谱意义上来说，紫色乃是黑与红的混色，以五行角度看，就是水与火的合一，故"真紫"以重色紫虫为真。但是出现概率更高、数量较多的是淡色紫虫，这大约和"少阴"身具两性有关。有关情况已写入《解读蟋蟀》，此处不再赘述。在本书的编排中，笔者将紫虫分为重色和淡色两类。这两类在出将年景上有一定的一致性，但偏重情况有所不同。细心的玩家当能体会。

（二）重色紫虫品类

1. 真紫

真紫

真紫如同着紫袍，头浓性烈项绒毛。

钳更细长如血色，独占场中第一豪。

紫虫增释：此虫生来多有头尖者，然毕竟头圆大者为上，项有青毛项、紫绒项、赤斑项，俱要生毛丁疙瘩，如项一油光，便为花色。

（录自明嘉靖《重刊订正秋虫谱》）

其增释中所说"项一油光，便为花色"，其实未必，只是早秋油光滑项代表底板不好，不取而已。所说此虫"多有尖头者，然毕竟头圆大者为上"，似是有先见之明。五十多年后的《鼎新图像虫经》仍抄录《重刊订正秋虫谱》之歌诀，但其解释部分将此虫表述为"生来头尖项阔……或阴阳翅是也"。"阴阳翅"系指上翅大而底翅小，也有的虫友认为系上翅尖、底翅圆，终归与其身具阴阳两性有关，不能说这个说法没有道理，但也绝非必然。《鼎新图像虫经》、周履靖《促织经》都不再言"头圆大者为上"，径指为尖头，已不客观，至少是脱离了定色要旨。蟋蟀定色命名，定义的是一个品类，不当以个案代表全部，《鼎新图像虫经》之言实为以偏概全。一切条件都符合，只因生有大圆头，就不是真紫了？作为色类品种定义，只能以色类搭配着眼，而不能再加入形体等附加条件，这是不合理的。至于哪种头形出将概率高，则属于匹配的问题，而不应归入定色命名的范畴。

别：有皮色与之类似者，惟斗丝色白，或可称为"紫皮青"；黄斗丝者，则可称为"紫皮黄"或"暗紫黄"。虽也能斗，甚至在某些年景下斗得很好，但皆非真紫，亦非紫虫类。

实例

真紫

八厘　1968年李金法获于杭州三堡水乡

此虫为三堡老撬子手金钱麻子在大豆地所捉。最大的特点是亮度惊人，开盆即有五彩夺目之感。体形圆实、修长，大六足配大圆头。头黑如漆，光亮耀眼。淡黄眉线明晰，大红隐沉血斗丝细直贯顶，大红副斗丝半显。蓝绒项铺满砂毛，白腿烂斑，尾锋过身，肉身细润。翅衣泛蓝光，光彩照人。生一副巨齿獠牙，上粗下尖，芒刺尖长，牙白如冰。鸣声洪亮。行走如飞，蛇步寻敌，有万夫不挡之勇。此虫共斗30余场，全胜。平时此虫一叫，对方蟋蟀爬墙无牙。更奇怪的是，有十多次与来虫交口，敌虫被甩出斗栅很远，再无回头草。多次打斗都是如此，再也无人敢斗。

紫壳白牙

八厘　1993年杭州李金法获于宁阳前王庄

此虫大圆头，紫珀色浓重，血色羊角斗丝略短，紫沙项阔方，项铺砂毛，翅衣紧细，后小三角处纹密清晰。虎背熊腰，后身极美观，尾超长。生就一副超长大白牙，开式线口。此虫在杭州大斗11场，均是触牙便占上风，一口定局。立冬后5天僵立盆中。

[按：此虫整皮浓紫，不然也不会被称为"紫壳"；又生血色斗丝，确为真紫无疑。但命名不妥。假设有此般皮色却生有黄斗丝或白斗丝，因其皮色特点，亦可称"紫壳白牙"，但不能直接看出其色门归属。故此虫不若径称"真紫"为好。余当初参与编纂《中华蜑家斗蟋精要》时，为尊重各地作者以及各方所持观点计，所约稿件皆保留原样，未敢擅改，有些定名却也有不妥。]

（以上两例录自《中华蜑家斗蟋精要·南贤论将》）

2. 黑紫（茄皮紫）

黑紫

黑紫生来似茄皮，腿脚兼黄赤肚皮。

钳若更能紫黑色，早秋赢到雪花飞。

（录自明嘉靖《重刊订正秋虫谱》）

此虫出土浓黑，未必"赤肚皮"。"赤肚皮"者今日基本不得见，然紫绒肉者常见，白肚者亦有，但是腿斑一般会比较重，最好是斑点清晰而非浸润状，有凸起感者更好。此虫早秋出土时，皮色浓黑，斗丝常隐而不易见，强光下知为血红斗丝。随秋深，斗丝渐浮出，皮色也化为茄皮色。

柏良先生《山东蟋蟀谱·深紫（茄皮紫）》条下论曰：

此虫通体黑紫色，细红斗丝隐沉，铁砂项厚铺紫红毛丁，肉色紫赤，腿色蜡黄，紫牙挂黑线，虫体现光迟，为深秋斗虫，宁阳南部、兖州一带惟此类出将率高。

严步云谱录深紫（茄皮紫）而不具黑紫名目，肖舟谱同。李嘉春谱则将黑紫与茄皮紫分为两种，区别在于黑紫黄肉身；茄皮紫沿袭旧谱中的紫肉红肚皮，并加上了黄额线。二者似可合并，终归是紫虫与黑虫的混色、间色。

于命名上考虑，皮色偏重于黑色，甚至就是黑色，腿斑较浓有类黑虫者，当列"黑紫"；皮色明显为紫色者，径称"茄皮紫"可也。

皮色浓黑透紫，斗丝或白或黄，惟副斗丝丝形不连环者，有的虫友将其归为黑紫，不妥。它有可能系黑紫与其他色类蟋蟀杂交的后代，仍当根据其斗丝色、皮色、肉色、腿斑综合判断而论色类。

实例

黑壳紫青

光绪十二年（1886年） 八厘

大头方项，生体阔厚，尾际微松，乌黑头皮，银红斗丝，细沉贯顶，阔板红牙，六足粗壮，类蟹踞形，鸣声洪亮，肉黑而绒，黑色而带蓝光，不得谓之茄皮紫，斗丝细而红色，又绝非是天蓝青，名之为黑壳紫青，特就其色与斗丝言之耳。至其状貌瑰奇，精神雄健，所向无前，尤为间色中罕见。

（录自清秦子惠《功虫录》）

[按：既是红斗丝，首先要归红虫门或紫虫门。因其肉黑而绒，当系紫虫与黑虫的间色。秦子惠将其定名为"紫青"、归青虫门有误，当为"黑紫"。]

黑紫

四十六点 2006年杭州李金法先生获于宁阳泗店

深紫头，深蓝项，细隐血斗丝，大红牙，乌金翅，紫绒肉，紫斑腿。斗时步法快捷，轻口重夹，一二口定局。此虫在第三场博斗中被咬断一节前爪，仍取胜。共胜 6 场，斗至深秋，可谓三秋大将军。

（录自《中华蛋家斗蟋精要·南贤论将》）

3. 紫麻

紫麻

头麻顶路透金丝，项毛翅皱腿斑狸。

四脚兼黄肉带赤，秋虫见影不相持。

（录自明嘉靖《重刊订正秋虫谱》）

粗看，此歌诀将斗丝指为金丝，这是给紫虫认定带来误解之源头。在《秋虫谱》时代尚好，虽表述上有缺陷，但因为有"紫要头浓红线"的定色原则在，知道紫虫必以红斗丝为前提，可知此金丝并非指斗丝，而系有他指。但后世谱在抄录时将定色原则遗失，只留下了歌诀，给后来玩家理解"头麻顶路透金丝"带来极大的误导。其实这个"顶路"指的是额线而非斗丝，实际是指红丝麻头而具金额线的紫虫。如果是紫皮、黄斗丝之虫，与紫黄的差异仅在翅色，当为"紫皮黄麻头"，而非紫类。如果这种黄斗丝的虫可以称为紫虫，那么白斗丝紫皮的虫是不是也要归入紫虫呢，紫青是不是也要划归紫虫？其实紫黄黄麻头的虫年年都有，并不十分稀见，战绩也不错，但并非虫王级的蟋蟀，也绝非紫麻头。

由于这个误导，后世对紫虫的配置要件出现错误认识，以为紫虫也有是黄斗丝的，只要皮色紫就行。但问题来了："熟虾青"一身红色，何不名列红虫门下？以皮色划分门类始自康熙晚期金文锦《四生谱·促织经》，他在自序中说："至贾秋壑著《促织经》，所谓形色始详论焉。迨明季坊刻，多创为歌吟，著其名兼著其象，绘其色亦绘其声……"从这段表述中可以看到几个关键词："促织经""明季坊刻""绘其声"。在明谱中，描绘蟋蟀的鸣声始自《鼎新图像虫经》，而"促织经"之名则始自周履靖《促织经》，后者沿袭了《鼎新图像虫经》对蟋蟀鸣声的注脚，而这个特点是《秋虫谱》所不具备的。可以看出，金文锦读到的古谱很可能为周履靖谱，顶多上溯到《鼎新图像虫经》，而没见过《秋虫谱》。金文锦在其序中接着说道："然错舛纰缪，正复不少……因检旧编，挑灯删定……"金文锦有此疑惑，与他本人没读过《秋虫谱》有关。《鼎新图像虫经》与周履靖《促织经》都遗漏了《秋虫谱》中一项关键的内容，就是定色标准和依据。所以在金文锦看来，明谱杂乱无章，以皮色定名不失为更简明的办法。可惜他的这份自信实在是头脑简单所致，自以为聪明，而把前人想象得太过愚蠢。金文

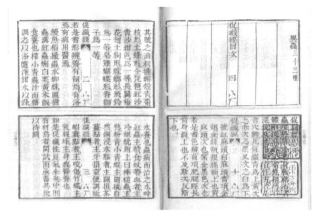

锦的《促织经》是将以皮色定名推向极致的一个文本，误导了后世数百年，流风及于当下。

歌诀当改为：

> 紫红麻头额线金，项毛翅皱腿斑狸。
> 四脚兼黄肉带赤，秋虫见影不相持。

［按：其实额线是否为金并不影响"紫麻头"的命名，只要是紫头紫皮、生有红斗丝且带麻路者，即为"紫麻头"。红额线就不行吗？当然行，甚至比黄额线者更凶，乃因其锐度有所增强，赶上适合的年景，则如乘风破浪，有"直挂云帆济沧海"之顺畅。即便是白额线也未尝不可，可能出现概率比黄额线者更高，盖因少阴君火（紫）与阳明燥金（白）乃是司天在泉关系，有天候上的天然联系。"紫壳白牙"能成为固定且常见的配置，其实亦与此有关，但不是分色门的依据。］

只是真正的"紫麻头"颇为少见，以五运六气揣度，丁卯、丁酉、辛卯、辛酉年，条件合适的话或可一见。

4. 青紫（新增）

此虫出土有类琥珀青，惟斗丝色红而隐沉，腿斑非鱼鳞斑而系块斑，项或起十字红斑。此虫与青红之区别在于腿斑：青红腿脚干净，有斑也系鱼鳞斑，具青虫、红虫腿部特点；而青紫腿斑系烂斑。此虫虽一身青皮，但其鸣声不类青虫，而类紫虫。至后秋，翅底始映紫气。其有效出斗期长于青红。

赠其歌曰：

青紫整皮似青虫，斗丝隐红显真形。
牙长翅尖木生火，咬的来虫不相信。

实例

白牙紫青

光绪十三年（1887年）　八厘

头项圆足，生体短阔，尾际仍尖，头色仿佛茄皮，斗丝则红白相间，老白牙，黑项乌金翅，皮壳苍老而带黑色，腿脚圆劲，并极精莹。初出土时底色浅薄，近乎草青，后则翅色变黑为金，头色化为紫。出口极重，善斗能盘，乍视之似属浑色，实则老壳紫青耳。

（录自清秦子惠《功虫录》）

〔按：既是红白斗丝相间，可知为间色，与其归于"紫青"不如归为"青紫"。〕

5. 栗壳紫

栗壳紫

方头麻路大红牙，翅如栗子壳无差。

六足尖长黄蜡样，战胜簪花回转家。

（首见于清朱从延《蟋孙鉴》）

此虫色如栗壳，故名栗壳紫，但基础仍须红斗丝。严步云谱、肖舟谱、李嘉春谱、柏良谱皆录有此虫，差异不大。因柏良先生谱涉及鲁虫情形，故录之于左：

此虫头形须圆大高凸，复眼高悬，淡紫绒项暗含赤砂，古金翅，整皮如栗子壳色，细观之淡紫绒肉生有金色茸毛。鲁北此类配红牙为上，鲁南此类配骨头白牙善斗，秋深项退茸起光不可再斗。

别：栗壳皮色之虫，最常见的是白斗丝的栗壳青，区别在于斗丝色。亦有栗壳黄，其斗丝色黄。

6. 葡萄紫

葡萄紫

此虫头色如紫葡萄，隐沉细红斗丝，银眉线，复眼焦黑色，铁青项生蓝璨花，紫金翅隐特定赤彩，白肉蜡腿红关节，配亮红牙为上。

（录自柏良《山东蟋蟀谱》）

葡萄紫不见于他谱，惟柏良先生谱有著录，为偏重色的紫虫。此虫与葡萄青的区别在于斗丝色和腿斑。葡萄青虽然也是紫头，但是银斗丝；腿斑以鱼鳞斑为常见。葡萄紫为红斗丝，是否银额线不影响定色命名；一般腿斑较重，多为块状烂斑，也有较为干净者，以红腕为佳。

7. 油紫

油紫

此虫通体油紫色，紫珀头细红斗丝，紫花项蟹眼凸明，紫翅油光明润，黄肉蜡腿。黑脸黑红牙，古谱称"油纸灯"。随秋深油退现锈则不能再斗。

（录自柏良《山东蟋蟀谱》）

此虫柏良先生表述清楚，已无需再言。惟古谱"油纸灯"一事尚需进一步阐明。《鼎新图像虫经》首次著录此名目时，出现凡两次，一是列于"滑紫三呼"名下，知为紫虫无疑。但"油纸灯"又有单列歌诀，歌诀云：

> 头圆腿壮遍身黄，翅滑如油肉带苍。
> 一对牙钳如红色，此物虫中是霸王。

未几，周履靖谱亦著录此虫，除上述歌诀外，又另加一首：

> 头混腿脚一身黄，翅滑牙红促织王。
> 易名叫做油莉垯，赌花管取满头装。

也是将此虫描述为黄，故后世谱中有将此虫定为"油黄"的。但是有"滑紫三呼"之总称在，定为黄虫似有不妥，直接归入油紫也有相当差异。所谓"油纸灯"，本意是指灯笼外层之灯罩。古时玻璃技术不成熟，灯笼在户外使用，既要防风，又要透光性好，常以丝皮纸来制作外罩，取其耐高温且透光度高。此类纸正常视之色白，有带油之亚光，古谱所谓"油单翅"大约即指此类；在烛光映照之下，是黄光或黄中微红之色，这取决于蜡烛的品质，以之状色，却也形象可感。问题在于鼎新谱、周履靖谱皆一女二嫁，显系缺乏自上而下统领的定色原则所致，给后世带来混乱。

从这个角度说，秦子惠实为高人。此公一生经手王虫无数，似已看穿世间并无全然相同的蟋蟀，又不愿意以一己所见，以偏概全去定义命名，故而将所玩之虫一一写出，于生相特点不厌其详。虽然秦子惠没有读过《秋虫谱》，其蟋蟀命名在我们今日看来也常有错讹，但他的著述体例，今天仍然可以让我们知道他实际描写的是条什么虫。而恩溥臣《斗蟋随笔》在这方面做得相对就比较差，对蟋蟀要件的描述常常缺失，于我们今日看来，可凭借的可靠性就大为降低。这也提醒今日的玩家在记录自己所养的得意之虫时，亦应不厌其详，至少要将定色命名的基本要件，诸如斗丝色、丝形，顶门色，脑盖色，项、翅情形，腿斑、腿色，鸣声，以及此虫前后的变化情况一一写明。不要以为今日之照相术可以全面替代文字记录，实则不然——光线条件，一日早晚，不同的生命时段，蟋蟀都有不同，几张照片不能解决问题。

顺便也说一句，笔者不赞成以副斗*丝*丝形为定色命名的依据，以上所及也是重要的原因。秦子惠等古谱作者皆没有著录副斗*丝*丝形，无法提供参照。如若以此为依据，相当于我们主动弃前贤经验于不顾，自断传统，自动放弃继承权，于知识积累、认知验证诸多方面颇为不利。

8. 绽灰紫

绽灰紫

此虫出土黑脸紫头黑脑盖，隐沉红斗丝细直，全身绽灰色，色似干枯灰色，铁皮项起毛丁，灰色翅、紧肉身，六足青灰色起黑斑。宜配紫钳、绛香牙。

（录自李嘉春《蟋蟀的养斗技巧》）

此名目不见于古谱，亦不见于近代严步云谱，是否有古谱来源不详，故不确知南方产区是否曾有此虫。从描述看，"紫头黑脑盖"或有不妥，当系"紫头黑顶门"。按其要件考量，"隐沉红斗丝"，定为紫虫无误。体色为灰，当明显间有白门色系，盖因少阴与阳明互为表里，此虫当系特殊年景下的产物，比如丁酉年（2017年）。此虫当系中晚秋斗虫，但北方产区极少见——北方能见到灰青，皮色与之相类，惟斗丝色相异而为白。凡紫虫，多以"润紫""嫩紫"言其特点。此与"紫"的性质有关，紫为少阴，于经络统手少阴心、足少阴肾，为水火合德、水火相济之相。此虫却属干枯系，与紫之意蕴不合，似为大气候、小地形出产之"异色虫"。李嘉春先生以"五黄八白九紫十三青"平了正统落色格局，"绽灰紫"亦列正统落色之列，余愚钝不能解，但亦不敢忽视，照录之。

9. 玫瑰紫

玫瑰紫

此虫出土淡青色，头渐泛深紫红色，青项铺紫绒毛丁，细斗丝隐沉，肉腿白净细润，紫翅隐金辉，配重色牙为宜。近十几年来鲁南的宁阳、兖州一带年有此类称霸虫坛，相选的要点是识真，若紫色较浮则不入选。

（录自柏良《山东蟋蟀谱》）

此虫不见他谱著录，惟柏良谱录之，当系出自先生之实际经验。

秦子惠《功虫录》著录过光绪十二年（1886 年）之"红砂白肉紫"，仅杭码四厘，于生相而言，颇有相合之处：

四字长头，黑脸，头色浓重似紫蒲桃，银红斗丝贯顶，长方红钳，宝光射目，淡金翅上起紫红砂，鸣声尖急，腰背丰满，肉细而微红，六足白净无瑕，笼形高大，闭钳极快，敌虫未有与对咬者，秋分斗至结冬，无有敌手。

（三）淡色紫虫品类

10. 红头紫

红头紫

红头紫线肉毛黄，项赤红丁腿浑长。

翅紫牙红如剪样，只除青将便为王。

（首见于明万历周履靖《促织经》）

此虫红、紫兼具，不多见。不似能斗后秋之虫，当为前秋、中秋勇将。之所以归为紫虫门，乃因紫线、紫翅。此虫一脉纯阳，惟斗丝和翅色紫而带阴气，似是出于向阳高坡之处，或出于辛卯、辛酉之年。

11. 紫金翅

紫金翅（叫一声）

紫头青项翅如金，腿肉兼黄肉带蜜。

必须生有紫黑钳，咬杀秋虫人失色。

（首见于明万历本《鼎新图像虫经》）

此虫紫头、青项、金翅、黄肉、黄腿，如若金斗丝，则与紫黄无大异。区别在于此虫红斗丝，项色青而非火盆底。因斗丝色红，归为赤虫大类；又由于紫头、青项，进一步归为紫虫类。"叫一声"之说颇为奇异，似翅衣有异。余见识浅薄，至今未尝有缘遇到每斗只叫一声之虫。所能见到的是有些紫虫鸣叫数声后，不再发声，翅却竖而不落，或与此相类；但也并非每次只叫一声，绝不多叫。能竖翅不落之虫倒是肯斗。古人如此写，或系亲身经历，故仍照录不易。如果并不是只叫一声，却也不影响定色命名。只是如果去除了异虫的因素，则歌诀所述之功力或有减损。配紫黑钳当然好，但是否必须配紫黑钳，则未必如此严格。

此虫后世古谱基本都录，但严步云谱不录；当代谱系中，肖舟谱、柏良谱录，李嘉春谱则不录。

实例

紫金背

光绪六年（1880年） 六厘

乌头青项白背，红钳，生体浑长，早秋以为乌头银翅，惟蛋性粳劣，受芟无情。养至深秋，头色纯紫，斗线俱红，翅变赤金色，肉身干洁，腰圆尾勾，盆情熟糯，芟步极灵，每斗辄小口出局。金翅且系紫色，似属早虫，当其未变之前，若以之出斗，鲜有不败，可见驾驭之难。

（录自清秦子惠《功虫录》）

〔按：此虫至深秋方变色，由早中秋之乌头变为紫头，银翅化为金翅。此变少见，似乎已不是淡色系，故能斗后秋。但以常情论，紫金背多系淡色，故仍列于淡色紫虫类。倘头浓紫，亦可以重色类紫虫视之。〕

12. 淡紫

淡紫

名为淡紫遍身明，项如青靛齿紫红。

头上三尖腰背阔，百战场中作上锋。

（录自明嘉靖《重刊订正秋虫谱》）

此虫头色、翅色皆为淡紫色，惟项色较深，其斗丝一般也非纯红，即所谓银红斗丝。明清各谱皆录，争议不大。柏良先生《山东蟋蟀谱》所述较细：

此虫亦是三尖头样为佳，若是大圆头必须双眼高凸显棱角，红粉斗丝，紫青项厚铺毛丁，淡紫翅时显白光，配红、紫牙皆宜，惟（济南）长清一带以银牙白肉为佳，此类体色纯净明亮，六足有紫斑。

余于总论中曾论及，淡色类紫虫或可视为青、红之间色，但此虫似可归入正色类，未可以间色视之。

实例

白肉淡紫

同治七年（1868年） 七厘

平头直项，腰背浑长，浅紫头皮，淡红斗丝极其沉细，花青项上起烂斑，翅色与芦花相似，鸣声雄厚，急如爆竹，紫红钳，根带白色，颇似两节钳，杭人谓之块子红钳，实则白钳黑斑，其钳最为坚老，肉身洁净，白腻如脂。此色本系冷虫，因其生相平平，早秋即行破口，斗至结冬，数遇名将，未有敌手。

（录自清秦子惠《功虫录》）

13. 藤花紫

藤花紫

此虫出土，形似淡青，珍珠项，头色如隐血，有红丝白丝二种。丝者斗丝也，非额上之丝。此虫初秋淡金翅，后变白金翅，淡紫肉，六足淡黄。凡紫不厌粗，惟此虫宜细，因是冬虫也。色如将落秋紫藤花，亦紫虫之中佳品也。宜配紫钳，次则绛香红牙，若生白牙为花虫，无用。

歌曰：

藤花品格实堪夸，色若秋藤将落花。

配得紫钳非小可，虽逢劲敌莫惊讶。

（录自民国严步云《蟋蟀谱》）

严步云谱录自乾隆年间与光绪年间之谱，于定色原则亦无主见，从此虫之描述中可见一斑。云"有红丝白丝二种"，倘为白丝，则非紫虫矣。云其为冬虫，或系特指白斗丝者，当系白虫门之品种。今可将白斗丝者另外归类，只取红斗丝者为正。一般称作"藤花淡紫"。此虫皮色极特殊，一见之后，终生难忘。但也是定色之后才显，早秋虽已明显泛紫，但非如此鲜明。

14. 白紫（粉紫）

"白紫"之名出现较晚，旧谱中著录较早的已是 20 世纪 30 年代中期的严步云谱，远不及"紫白"出现得早。当下虫友多知道白紫，不知道紫白，可见严步云谱影响之大。但严步云谱误将"天蓝青"认作"白紫"，云：

此虫朝看似青，暮看似黄，天晴则紫，天阴则白，终无定色。倪云林所谓天蓝气色是也。此乃虫王，得之不可轻忽。

歌曰：

非青非紫亦非黄，闪烁不定似天光。

背心肉色蓝如靛，此是人间促织王。

歌诀显然改编自《蚟孙鉴·异种上品》之"天蓝色"：

非青非黑复非黄，闪烁不定似天光。

腿色焦斑身样细，头圆路白项深藏。

二尾细轻多紫色，两须旋绕胜枪铤。

更得干红钳一对，千秋难遇此蛩王。

严步云谱失误之处在于：既是"天蓝青"，即当归青虫门，仍以白斗丝为要件，何以归入白紫名下？《虼孙鉴》歌诀中以"头圆路白项深藏"点明了归属青虫门之意，而严步云谱刻意回避了此节。

从一般命名原则理解，白紫当系以紫虫为底而与白虫的间色，似可理解为一身淡紫，身罩白雾、白粉之虫，故有些虫友称为"粉紫"；也有的系一身素白而微透紫光。但不管是紫多白少，或白多紫少，终归要以斗丝色隐隐透红或斗丝根白向顶红过渡为要件。此虫虽名义上为间色虫，实则可视为正色虫，原因仍在于阳明燥金与少阴君火为司天在泉的关系，两者共主一年之气候大势，相互间渗透也是正常。但出现"白紫"之年，一般来说是燥金之气较为强劲的年景，是特殊气候条件的产物。

由于其色烙较淡，并非无色，故而有可能在不同的背景光条件下与天蓝青有类似的飘忽反应。但天蓝青是正色青虫，白紫则为紫虫，而且两者出斗年份大为不同。

别：与之常混淆的是"紫白"。紫白乃是以白虫为底、间有紫色者，斗丝扁白或粉白，白肉，白翅或淡紫翅而身罩紫气。"紫白"之称，最早见于《虼孙鉴·前鉴·异种上品》，位列"天蓝青""青黄二色"之后，为"朱墨色"之俗称。所谓"朱墨"，系用朱砂所制墨块，旧时批公文、点句读、校勘文稿常用朱墨，其色红而淡。"紫白"之名亦见诸秦子惠《功虫录》，其下卷有"红牙紫白"条，出自光绪十三年丁亥（1887 年），此虫"斗路扁白"，故列白虫门。

而白紫与紫白恰恰相反，前者必以红斗丝、粉红斗丝或半截红斗丝为要。

试拟歌诀如左：

白紫生来遍体茸，犹若霜色落花丛。

银红斗丝隐约见，斗落雪花名自隆。

15. 金背紫（修订名：金壳紫、黄紫）

金背紫

此虫出土，头如金铂，红斗丝，铁项，翅如金叶，紫肉，六足苍黄。配银牙为上，紫钳也可，红牙次之。

歌曰：

红牙铁项紫遮身，背脊平铺两翅金。

配得银牙方合格，筑坛应拜上将军。

（录自民国严步云《蟋蟀谱》）

此虫与紫金翅之区别在于头色和肉色，紫金翅为紫头、黄翅，此虫为黄头、黄翅、紫肉。虽是黄头，但由于其红斗丝，不归于黄；由于其紫肉身，不能归于红，故为紫。由此推知，大腿当有烂斑。但直观地看，此虫外皮除项色外，以黄色为主（黄头、黄翅）。其实以间色原则理解，就是"黄紫"，亦可称"金壳紫"，与紫皮黄恰相反，系以紫虫为本，间有黄色者；其紫或系来自遗传，而黄皮得自若虫时之栖息环境。

16. 银背紫

银背紫

此虫出土，色如白纸，银翅紫肉，至深秋头如熟樱桃色，六足洁白。配紫钳、绛香红牙皆妙。

歌曰：

头似樱桃肉似银，如霜六足独超群。

红牙紫肉方成局，名震三秋勇绝伦。

（录自民国严步云《蟋蟀谱》）

银背紫与白紫很相似，惟头似熟樱桃而有别，头色较白紫明艳，而翅色银白，无太多紫气，属于断色清楚的一类。柏良先生《山东蟋蟀谱》著录了此虫，认为相选要点是忌体有杂色斑点，即"底色脏"者无用。

严步云所说此虫"六足洁白"，似与紫虫不合。因未言及斗丝色，故严步云所见，未必是紫虫，很有可能是扁白斗丝的"紫头白"，或银斗丝之"紫头白青"。但"银背紫"之名仍可保留，前提是要具备紫虫的基本要素，即紫斗丝或银红斗丝，跳腿也很可能有斑。倘若确实红丝而又无腿斑，六足洁白，白肉微红，则归入红虫门似更恰当，或可称为"银背红"。

17. 熟藕紫

熟藕紫

热虫也。

藕紫生来品更奇，肉红带黑色多滋。
红丝铁角紫金翅，秋分寒露占便宜。

（录自民国严步云《蟋蟀谱》）

柏良先生在《山东蟋蟀谱》中未单列此虫，但曾于《紫虫》之末提及熟藕紫：

紫虫中有一种熟藕紫，体色如熟藕色，古谱中亦列为一品类，以多年经验证明，此类出将者必稀，鲁地称之为"粉虫"，惟有长清城北一带生血红丝者，可斗早中秋，但不走长路。

［按：严步云谱所述与柏良先生所述可能并不是同一种虫。严谱所述"肉红带黑色多滋"，有紫虫之润，亦间有黑虫成分，翅色也非熟藕色，而系紫金翅。果如其所述，则可斗中后秋，未必是热虫。歌诀中也提及"秋分寒露占便宜"，这与开篇点题之"热虫"也是矛盾的。

　　柏良先生谱所述，或系紫虫中有杂色而色不正者，或为走色较早的一类。从"惟有长清城北一带生血红丝者，可斗早中秋"之说，或可推测一般的粉虫也未必是红斗丝，自然也很难以紫论。］

（一）总论

　　与紫之少阴不同，红为纯阳之色，属少阳。自此以下，白为阳明，黑为太阳（老阳），为三阳之属。前文提及，蟋蟀为阴虫，三阳虫相对而言比三阴虫出现概率要小得多。

　　在中医体系中，少阳（红）与厥阴（青）相表里，少阴（紫）与太阳（黑）相表里。从这个角度来理解，红虫门与青虫门有相当的一致性，而紫虫门则与黑虫门更有相似处。体现在腿斑上，则红虫与青虫相类，以干洁之玉腿为上，腿斑即便有，也多为鱼鳞斑；而紫虫与黑虫皆为烂斑。从鸣声上体察，则红虫与青虫接近。以相对音高喻之，青虫为 3（mi），淡色紫虫为 4（fa），红虫则为 5（sol），红虫高一个音阶。而（重色系）紫虫与黑虫接近，都接近 6（la）之相对音高。红于五行属火，故性烈而难以持久，这在蟋蟀斗口、斗期上都有所体现。

（四）**红虫门**

在中医体系中，少阳（红）与厥阴（青）相表里，少阴（紫）与太阳（黑）相表里。从这个角度来理解，红虫门与青虫门有相当的一致性……

（二）红虫品类

1. 纯红

纯红

眼如椒核遍身红，翅项如朱腿亦同。

若逢敌手君休怕，数番咬死又成功。

（录自明嘉靖《重刊订正秋虫谱》）

　　《重刊订正秋虫谱》所录红虫仅得两例，此为其一，另一例则为"红麻头"。后世谱基本沿袭此歌诀，少数谱仅有个别字句的调整，无碍大局。

　　《秋虫谱》对红虫描述不多，其《五色看法重辨》中提及了"紫"，却亦未言及"红"，只说红虫需要以"红斗丝"为要件，其他情形则未多涉及。

　　后世谱常将红虫描述为"赤须椒眼"，用这个说法定义纯红或问题不大，用于一般的红虫之间色虫则似无必要。

　　既是纯红，讲究一个"纯"字，当以无杂色为上，红斗丝、红额线、红牙；如若白额线，亦以部分泛红为好。就一般性而言，蟋蟀基本都是"椒眼"，只是配在重色头皮上，浑然一体，不显而已。椒眼配在红头之上，比较扎眼。其实红头红眼之虫并不罕见，倒是赤须少见。红虫行动迅疾，灵动如鸟雀，性烈。但纯红极少见。红虫若能配黑脸、黑顶门，水火合德，大贵。即便是红顶门，也应与脑盖色断色清楚为好。倘不能分清脑盖色与顶门色，则有色浑之嫌，恐不走长路。

2. 红麻头（修订名：紫翅红麻）

红麻头

红麻秉性敌刚强，赤项红斑脚浑长。

翅紫牙红肉赤色，诸虫交口便难当。

（录自明嘉靖《重刊订正秋虫谱》）

既是"红麻头"，当然属于麻头类，主斗丝与麻路应皆红。《秋虫谱》所指此虫与纯红之不同，不仅仅是麻头的区别，此虫翅色为紫色，色烙似不及纯红单纯。如若肉色再进一步成为紫绒肉兼斑腿，则偏为紫门矣。但纯红如若生有红麻路，就不可以称红麻头吗？当然不是，同样可以称为红麻头，不必拘泥，亦属极少见之品种。《秋虫谱》歌诀所云严格说起来应当命名为"紫翅红麻"，方能形象可感。如若生相皆如所言，惟斗丝非麻，则可名为"紫翅红"。

3. 射弓红

射弓红

此虫出土，仿佛真红，但赤须而不焦眼。真红，初秋，红淡；深秋，红倍。而射弓初红则为后淡，其六足无红斑为分别，纵然能战而不终，且不耐从。

歌曰：

射弓出土红如火，须虽赤而眼不焦。

霜降来时红渐退，真金只怕火来熬。

（录自民国严步云《蟋蟀谱》）

"射弓"系古时弓箭上涂的颜色，当为朱红色。此处以之状色，推断此虫仍然是红虫。惟眼不焦，就是说眼亦是红色。此虫随秋深而色淡，并非如歌诀所说"真金只怕火来熬"，乃是秋深火退、寒气来袭之故，实为"相火难敌寒水袭"。此虫入深秋已失天时之助，火气衰微，故不能再斗。

纯红因系椒眼，尚有寒水存焉，命火积存于此，藏而不泄，故深秋反而红倍。此细微之处不可不察。倘红虫能有黑脸，大贵。

纯红、红麻头、射弓红皆可视为红虫门之正色，或于辛巳年（1941、2001、2061年）、辛亥年（1911、1971、2031年）为值年之将。区别在于，相比之下，辛巳年更利于纯红、射弓红，辛亥年更利于红麻头。

4. 金背红、银背红（新增）

红头之虫常见，红头红斗丝之虫不常见。若红头红丝而非红翅，为黄金翅，则当称为"金背红"，额线或为黄色。朱从延之《蚟孙鉴》于《红色总诀》中言及："真红要金翅白肉，头似珊瑚，项似朱砂，腿脚浑长，以墨牙为贵，余则无用。"此话说得有点绝对，但除却牙色之外，其他描述如金翅白肉、头似珊瑚、项似朱砂，则正可以理解为"金背红"。

以上生相，若非金翅而系银翅，则当称为"银背红"，额线或为白色。虽少见，但倘若气候持续转暖，出现概率会有所提高。

柏良先生《秋战韬略·前贤论将》辑录了二十世纪三四十年代济南虫坛的名将，其中刘冠三先生之"真红紫"恰为金背红之实例：

此虫头如红珊瑚，头形高突，赤须焦眼，黑脸银牙，朱砂项，赤金翅，白肉白腿，大腿腕上血点鲜明。鸣声如击金，行若游蛇，实蛋（虚蛉蛐蛐）。每下斗盆便横冲直闯寻敌。交牙即将敌虫举起前冲，松口敌虫无不满口滴浆，再无回头。曾斗李吉寿先生黑黄，黑黄是当时虫坛名将，曾重口胜四场。与真红紫斗时改为斗间。真红紫亦难如前法举起黑黄。两虫平叉数口，真红紫突然侧击黑黄，将黑黄项撕裂，黑黄败走。两虫均属高品，级别略有差距。刘冠三先生平时驯斗有方，关键斗场显功底。真红紫共胜7场，立冬当日僵立盆中，刘先生极喜爱此虫，虫干直留到"文革"前。

［按：此虫定名"真红紫"有误。实则具足红虫特点，"白肉白腿"说明此虫并非紫虫，而系红虫。此虫如若是金斗丝，则与紫黄基本相类，之所以

当时命名为"真红紫"，大约是受了紫黄命名的诱导。紫黄因有紫绒肉在，虽为樱珠头，但仍有紫虫因素，故为紫黄，而非红黄。此真红紫却无紫虫因素，实为红虫。刘冠三老前辈称为"真红紫"，无意中也流露出当日心中的纠结，以"真红"为前缀，表达出了他心中真实的倾向性。以今日视之，此虫翅色为赤金色，却是以真红为底，正可定名"金背红"，亦可赞曰"金背大红"。]

5. 青红（新增）

此虫初看似整皮青而项色、翅色带红，红斗丝（或斗丝下端白而上端红），腿干净少斑（倘有腿斑，亦为鱼鳞斑，或红或青，或红中带青），肉色清白或微红，当系青虫与红虫间色，可称"青红"。倘项翅隐透红砂，基本可以视为近代谱上所说的"红砂青"——近代谱由于定色标准缺失日久，对定色原则已然模糊，故把"红砂青"描述为"斗丝亦红"。此说似来源于乾隆时期《蚟孙鉴·续鉴》有关"血青"的表述："纯青而无白色，于日光中照之，青内尽红如血，是为血青。必得大红牙为妙，其斗线亦红，如渐退白色，即属败征。"其实这个表述用来描述青红就很合适。所谓之"红砂青"也一样，如果斗丝色红，当归红虫门，而非青虫矣。《蚟孙鉴·续鉴》似乎并非出自原作者朱从延之手，而系重刊者庄乐耕、林田九之补入，故《续鉴》内容与此前内容多有不协调之处。

从中医医理解，红为少阳，于脏腑体现为胆；青为厥阴，于脏腑体现为肝。少阳与厥阴互为表里，所谓"肝胆相照"。故而红与青之间联系颇多。虽古谱未录"青红"之名，但蟋蟀中出现此类生相者，并非罕见。古谱所谓"血青""红砂青"大约都是这类虫，只不过定名分类有误而已。

别：倘此虫腿斑重，红斗丝隐沉而不易显，紫背，紫绒肉，则为"青紫"。

赠其歌曰：

青红出土似紫青，腿肉非紫两分明。

红丝红牙真似火，血青红砂曾用名。

实例

红砂青

八厘 王鸿吉先生获于济南西郊周王庄

此虫青方头，紫红斗丝细直隐沉，青项起红砂，毛丁厚铺，青翅隐透赤彩，蓝背银肚亮红牙。双腿粗圆稍短，鸣声洪亮。每斗，咬着·敌虫必掀翻，松口敌虫便落荒溃退。此虫属多蛉虫，中秋时日排三、四蛉，否则无精神；透排后便精神抖擞，满盆寻敌。共胜8场，于霜降后6日，卸两腿僵缩盆中。

（录自柏良《秋战韬略》）

［按：青方头、蓝背、银肚，此皆青虫而非紫虫特点，但斗丝红，故而此虫为青红而非青紫。］

石孙外子纂辑《蟋蟀谱》书影

五　白虫门

白，以有血色为上，血色者，精神华色是也。如但白而无神，似饿白虬者无用。必有砂雾蒙蒙笼罩，望之却干索索，所谓黄贵乎湿、白贵乎干也。肉以洁白紧细为贵，未有青黄紫杂色而成将者。

（一）总论

白虫门以扁白斗丝为基本特征和要件。

截至清中期，虫家和蟋蟀谱多以脑盖冰白色、皮色浅淡为白虫的辨识要点，斗丝方面则强调青虫为银斗丝或清白斗丝，白虫为（粉）白斗丝。银斗丝在视觉上确与粉白斗丝有色感的差异。纯白或粉白斗丝者比较少见，一般用于描述白麻头（也属于白虫门）的特点，但总体上看不及后来采用的扁白斗丝切实。扁白斗丝和粉白斗丝两者皆可理解为白虫门要求。

扁白斗丝这个识别要点，为清代秦子惠之创见，载于《王孙经补遗》。古谱自《秋虫谱》以来，对白蛩多表述为"白则如冰"，其实说的是头色和皮色，至于与极淡色之青虫如何区别却未曾言及。倘若仅以皮色分，则不免落入以皮色分类的误区，故而不妥，至少不全面甚至未触及本质。这说明蟋蟀谱在草创期，只是有一个大概的划分，尚缺乏通盘的、过细的考虑。秦子惠所言"扁白斗丝"，恰符合白之五行属性。白为西方金之色，金之延展性为五行中所独有，故白蛩斗丝扁白，并伴有体宽之特征，俗称"阔一草"，多出大笼形。

有了扁白斗丝这个标准，至于皮色是否"白则如冰"则大可宽泛视之。即便头色、皮色浓重，只要具备"扁白斗丝"这个要件，皆可归为白虫门，只不过是间有他色，属于间色虫而已。各色虫中皆有间色，白虫门为何就不可以有间色？这是说不过去的。其实古谱也有先例，《鼎新图像虫经》曾著录"黑色白"，但仅存名目，具体叙述说的却是"海狮形"，于色烙反而不曾言及，亦属于思路混乱，言不达意。"黑色白"表达的实则是黑白间色，但以白虫为底。在实际玩虫过程中，可能虫友都曾遇到过或青皮、或黄皮而具扁白斗丝之虫。可知扁白斗丝并非必然与淡色虫共生，故而在命名上除"纯白""淡白"等数种纯色虫外，实不必拘泥"白则如冰"之说。比如一身浓黑而生金斗丝者，是为"黑黄"；一身浓黑而生隐沉红斗丝者，是为"黑紫"。那么皮色浓黑而生扁白斗丝或粉白斗丝者，称为"黑白"又有何不可？上述三者之间显然具备同构关系。既然"黑白"都可以成立，那么其他皮色只要合乎规则不逾矩，也同样可以隶属白虫门。

于医理考量，金为阳明，于脏腑主肺，肺主皮毛，故白蛩体毛较之他虫丰茂。阳明燥金（白）与太阴湿土（黄）相表里，故白蛩与黄虫有某些类似或相通之处也在情理之中。如斗丝通常都有粗浮之特点。其鸣声亦接近，只是白虫鸣声不若黄虫之哑。黄虫鸣声倘为 1（do），白虫鸣声则为 2（re），在各色虫中两者是最接近的。

《蛩孙鉴·续鉴》论曰："白，以有血色为上，血色者，精神华色是也。如但白而无神，似饿白虱者无用。必有砂雾蒙蒙笼罩，望之却干索索，所谓黄贵乎湿、白贵乎干也。肉以洁白紧细为贵，未有青黄紫杂色而成将者。"阳明燥金本意即为"燥"，干是其本，粉是其象，"白贵乎干"此论有理。粉白斗丝亦合此理。至于血色之说，"六气"中阳明燥金与少阴君火互为司天在泉，两者分别主导上、下半年的气候大趋势，交接于"大暑"节气，恰为蟋蟀由若虫向成虫转化的节点，故而两种气息都有体现也属正常，而血色则来自少阴君火这个因素。

阳明为西方之正气，于产地上推测，可能河南产区白蛩数量远远多于山东产区。而在山东产区，以柏良先生一生玩虫的经验，白蛩多出自早秋，属于早出而晚斗的品类。山东产区常见的白蛩为"白大头""白麻头"和"白尖翅"。

（二）白虫品类

1. 纯白

纯白

白头白项白丝攒，翅似银铺肉似霜。

黑脸红牙肚若粉，此物方为促织王。

（录自明嘉靖《重刊订正秋虫谱》）

后世谱"纯白"基本沿袭《秋虫谱》，无大异。严步云谱则称为"正色白"，并有文字解释：

此虫出土，如芦花色，珠子头，银丝贯顶，荠菜花项或白腐项、冬瓜项、紫绒项，皆可。至深秋渐升白雾，翅白如银，肉如卧蚕，足白如玉，白尾肚，裹白毛，腿腕关节有红点，配绛香牙、大红牙，所谓顽铁得火熔炼而成钟鼎，真虫王也！次则银牙，亦不失将军之位。

肖舟谱亦从此说，又补充道："此虫数十年难一见。"

［按：严步云谱指为银斗丝不妥，仍当以扁白斗丝或粉白斗丝为正。

由于气候的变迁，纯白之虫于当代真是很少见，需要特殊年景之气候的支持。肖舟先生有此感叹，亦见出他求实的态度。以此后几年考量，纯白或接近纯白之虫，2020 年或可一见。］

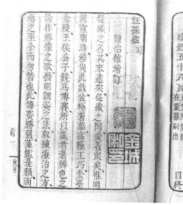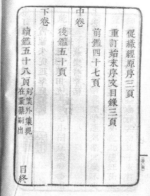

（清）朱从延辑《蛬
孙鉴》书影

实例

红牙白

光绪十七年辛卯（1891年）　六厘

苍白头皮，纯白斗丝贯顶，面黑于漆，牙红如朱，老桃皮项，上起毛丁，淡金翅，衣壳苍劲，声急而沙，六足净白无纤毫斑点，一身细白肉，上罩珠光。此虫出土时生体浑长，至落汤，乃变至高圆阔厚，两腿透明如美玉，牙红作宝石光，行口极快，力大于身。此盖真正白蛋，毫无间色者也。

（录自清秦子惠《功虫录》）

［按：阳明（白）与太阴（黄）在脏腑、经络上有表里关系，故而白与黄暗通。此虫淡金翅，直观上说已不是纯白，但有这层表里关系在，视为正色亦无不可。］

2. 淡白

淡白

白头白项翅铺银，入手观来却似冰。

一对银牙如雪白，总无颜色是将军。

（录自明嘉靖《重刊订正秋虫谱》）

此虫与真白似乎不好分，从歌诀看仅牙色有明显区别；再就是"总无颜色"，古谱多沿袭之，但严步云谱不录。柏良先生《秋战韬略》有收录，并指出辨识要点："此虫异于真白处是项白底铺蓝毛丁，宜配紫牙或亮红牙。"从命名之别考量，"淡白"较之"纯白"，强调的是一个"淡"字，总体的色烙饱和度应当较纯白低一些，白得没那么透彻，故而有"总无颜色"之论——白，毕竟还是颜色。

实例

淡白青

五厘五　2006年出自宁津

此虫有两大特点：一是色特别淡，特别白，一身素装；二是头项特别大，头项的比例占虫身的五分之三。此虫全身淡白细糯，银白斗丝粗浮，斗丝形全，白脑盖，淡黄眉线，生一副粗厚的淡黄板牙，但不超大。六足短小但圆实。性文静。买来时后身单薄，体重只有28点，在家精心喂养10天才后身有肉，体重增至35点。此时的淡白青精神焕发，白光闪闪，酷似白袍将军。初秋就放大斗，遇一赛场名将黄金翅，霸口出名，开局黄金翅威风八面，猛打猛冲，淡白青处于下风。但战不了几个回合，黄金翅转身后退，不敢再斗，1分钟现不出牙，细看之下，黄金翅牙门已损，牙面出水点点。此虫在沪、杭赛场大斗3场，后转苏州赛场，又大胜5场。苏州人称"淡白青"为"白大头"，说起"白大头"苏州赛场无不拍手称杰。此虫性文静，步伐稳健，每斗从不主动进攻，只要挡住对方三斧必胜无疑。

淡白青霜降后体重速减，未再出斗。淡白青一生过关斩将，实为将军虫，点评此虫有三大特点：1．一身素装，白得纯洁，是典型的白虫门类。2．头大、项大、牙粗，前三路相伟。3．牙硬，牙力大。

（录自《中华蛋家斗蟋精要·南贤论将·近代功虫录》）

［按：此虫称"淡白青"不妥。其斗丝扁白，一身素装，特别白，特别淡，径称"淡白"可也。由于其头大，亦是"白大头"的代表，苏州毕竟底蕴深厚，称"白大头"，定名准确。其实李金法先生亦认可此虫为白虫，在点评中提及此虫"是典型的白虫门类"，或因秦子惠屡将白门指为"海棠头皮"，影响了杭州风气而改称淡白青，实则不及"淡白"准确。］

3．白麻头

白麻头

麻头白项肉如银，脑线根根透透明。

更加毛项长肥腿，十度交锋十度赢。

（录自明嘉靖《重刊订正秋虫谱》）

后世谱基本沿袭此说，至清代乾隆时，《蚟孙鉴》复增歌诀一首：

白麻路要细而长，项内朱砂隐隐良。

牙若干红多宝色，黄斑长脚好名扬。

［按:《蚟孙鉴》所提及的白斗丝、麻路，如果描述为"细而长"，则一定

是粉白斗丝，而非银斗丝，不然则以扁白斗丝为正。严步云谱云："麻路细而有岔枝者为白花头，粗而无岔枝为麻头。"但如果粗而无岔枝，就是扁白斗丝，何来麻头之称呢？这是表达不够清晰的地方。如果我们努力去理解，表达的是否类似黄虫中常见的"狼牙棒"式麻头？如果确为此式，没有麻路也称为"麻头"是没问题的。但就"白麻头"之命名而言，通常意义上的主斗丝分出枝权式麻路，称为"白麻头"亦无问题；"白花头"所要表达的其实可以比照黄虫中"黄花头"来理解，是指斗丝麻路有如菊花开放，满头丝占而形活者。]

至民国时，严步云谱又有一变：

此虫出土，与淡白相似。所异者，在麻路之粗细也。麻路细而有岔枝者为白花头，粗而无岔枝者为麻头。肉色、翅色与白花头相同。翅白如银，白肉玉足，配紫绛香牙为上，红牙次之，白牙又次之。

歌曰：

白麻头与白花头，麻路分开各有由。

足肉原无分别处，红牙方是将中俦。

肖舟《蟋蟀秘经》从此说。

柏良《秋战韬略》则以鲁虫为着眼点，歌曰：

面黑头麻白似银，斗丝透顶细且真。

青项阔厚长肥腿，三秋横行真将军。

辨识要点：棱形大头，白麻路清晰满铺，黑脸红牙，体方腰厚。济南西郊段店镇所产白麻头，多硬辣。

［按：白麻头有正色白麻头，也有间色白麻头，加前缀以示区别即可。］

4. 淡黄白（衍生名：金背白）

淡黄白

淡黄白，头生三尖，琥珀色，身圆厚，牙红细长，奇也。

（首见于明万历本《鼎新图像虫经》）

此虫之表述与全书通篇之体例不合，显系后增。周履靖谱从之。

《鼎新图像虫经》还录有"青黄白"，但从"青黄白要金线细透顶，早秋斗间，深秋斗口决胜"的表述看，既然斗丝"金线细透顶"，则当归入黄虫门，当易名"青白黄"或"白青黄"，不归白门。此淡黄白未言及斗丝，若依定色原则而论，当以扁白斗丝为前提。因语焉不详，后世谱皆不录。但与之类似之虫并非没有，似可以白虫为底色，间有黄虫气象者为是。且从人体经络理解，阳明与太阴相表里，白与黄本就有着内在功能性的联系，前面提及的李金法先生之"淡白"（白大头）就是白与黄结合很好的例证。至于属"白黄"还是"黄白"，要以斗丝为凭：扁白斗丝或粉白斗丝者为"黄白"，黄斗丝者为"白黄"。

实例

白额头

光绪五年己卯（1879年） 杭码八厘

山笋生身，头圆项阔，腰粗尾尖。老白头皮，乌顶黑面，额前有白点突出，精莹似玉。扁白斗丝，短仅半节，却极分清。青毛项，淡金翅。黑斑红牙，牙尖有巨刺如蜈蚣钳式。六白脚，一身细肉。两尾尖长，细才如发。落汤破口，斗五六栅，俱系轻夹重出。时至冬至，遂封将军，诚可惜也。

红牙淡白

光绪十三年（1887年） 七厘

此虫于白露前出土，色属白青。相颇高厚，微欠沙毛，六足净白，肉细无比。养至霜降，褪去青色，竟成白蛋。深头圆项，腰长尾尖，浅黄头皮，扁白麻路，黑面紫红牙，式带长方，有如紫宝石，光彩夺目，于淡色中最为少见。厚桃皮项上起毛丁，翅色如经霜老草，作浅白色。鸣声宽阔，落汤后骤变沙声。笼形最大，数遇名将，未曾多咬。杭人谚云：白肉红牙是了虫。直为此虫写照矣。

［按：以上两例皆可视为"淡黄白"之典型。］

金背长衬衣

同治六年丁卯（1867年）

相极阔厚，珊瑚头皮，斗丝扁白，深青项，黑面红钳，黄金翅纯粹无黑迹，鸣声洪大。有类阔翅，其衬翅直盖至尾，洁白异常。肉身青黑而极绒细。斗时猛健无对。及交小雪老毙，口吐黑水，僵立如生。是或蚱蜢所变欤？

金背白

光绪元年（1875年） 六厘

此与丁卯年之金背长衬衣，头色斗丝，周身颜色，俱极相似。惟生体阔而不厚，鸣声松而无力，则远逊之。咸丰间曾得一黄尖翅，金背而声极松，结栅后养至逢春，其声始变，此虫亦然。霜降前独不知斗，赢两三栅，夹口平平，插汤后落口渐重，及交小雪，只一勒钳，敌虫立毙，数栅皆然。此种必系毒虫，但不能识其来历耳。

［按："金背长衬衣""金背白"，惟头色为珊瑚色，与蜜蜡头不符，其余皆与"金背白"相合。但既然有"白蛋以血色为贵"之说，加前缀称为"赤头金背白"亦未尝不可。］

（以上四例录自清秦子惠《功虫录》）

5. 蜜背白

蜜背

淡青蜜背、白蛋蜜背，二者俱有，翅色非黄非白，是一种淡鹅黄色，总要明净透亮、有光泽者为上，钳亦红色为佳。

（录自清乾隆本《蟋孙鉴》）

此节描述清楚，无需多言。"蜜背白"亦可理解为"淡黄白"。蜜背淡青与蜜背白之区别在于头色和斗丝，蜜背淡青为淡青脑盖，以银斗丝为要；蜜背白则为冰白脑盖（或带微黄），扁白斗丝或纯白斗丝，身形也较宽。

6. 蟥壳白

蟥壳白

此蛋如蜜蜡头，或纯白头，细银丝麻路透顶。青毛项固为上将，其次亦有淡青头、青项者，但要翅白而厚，有光彩，如蟥壳样。钳取绛香钳，或红花钳、纯白钳。

（录自清朱从延《蟋孙鉴》）

银丝麻路细而透顶，若以后世秦子惠的标准，此虫则当归入青虫门，与黄头白青相类；若头非蜜蜡，而为纯白，或可称为"银白青"，仍归青虫门；若青头，则为"银背青"；如果确系扁白斗丝或纯白斗丝，则称"蟥壳白"无碍。

"螭"传为龙之九子之一，无角者是也。杜预注《左传》，称其"为山林异气所生"。因其肚大能容，古建筑中常用作排水口的装饰。《说文》释曰："螭，若龙而黄，北方谓之地蝼，从虫，离声，或无角曰螭。"在上述解释中，"螭"色黄。但既是"离"音，当有"离"意，"离"于八卦方位中为南，为火，故古文中有些语境下也有指为色红的。但一般情形下认定为黄。此虫之所以如此命名，大约就是因为正品者头如蜜蜡之相。其实以白蛏类考量，头色微红者亦无不可。

7. 朱头白（宝石头白）

"朱头白"之名首见于《蚖孙鉴》之《续鉴》部分。从《重订王孙鉴始末叙》可以知道，朱从延原著之雕版毁损严重，庄乐耕与林田九整理、补刻了部分内容，刊为《前鉴》《后鉴》《续鉴》。如果参照此前古谱的内容和体例考量，前、后两鉴虽内容丰厚甚于一般传统经谱，但大致仍不出传统经谱的范围，至《后鉴》为之一变，其内容多有超出传统经谱乃至创新之处。《蚖孙鉴》内容庞杂，可以视为那个时代对古谱研究的集大成者，而且又有了诸多前人未及之创见，令稍晚于此的秦子惠十分折服，将自己的著述命名为《王孙经补遗》。但是这些内容中究竟哪些是朱从延原著，哪些是庄乐耕、林田九重刊时新增，却说不太清。不过从书中内容还是能看出一些端倪，这里要提及的"朱头白"就是一例，其文曰：

> 头如朱砂红而鲜浓者是，倘带黄标不妙。其斗线麻路亦须血丝，或如粉者，若黄色亦不佳。头色水渣红亦取，但不要黄色耳。项有青项、白项之殊，亦以青项为上。翅有青色、白色，皆可。惟钳以墨牙为贵，红牙、紫花牙俱好。

若真如其所言，斗丝、麻路皆血丝，则活脱脱是一条红虫，可称"白红"，已非白虫。

朱从延对古谱的定色命名标准还是比较熟悉的，《前鉴》中也收录了《秋虫谱》的有关内容，乃至"熟虾青"遍身皆红，惟斗丝色白，亦归青门，即为此谱所创。朱从延定色、定名准确脱俗，从情理上讲不太可能将明显的红虫归入白蚕门。故推断有可能是庄、林二人的补刻所致。

后世谱中，李大翀谱沿袭了这个错误，而严步云明显有所察觉，似觉不妥，遂将"血丝"改为"银丝"，易名"宝石头白"：

此虫出土，翅如油单，或淡金翅，头似珊瑚，至秋深变如红宝石。翅如银，肉足皆白，配紫绛香牙为上，红牙次之，白牙又次之。

歌曰：

银丝青项肉足白，可爱头如红宝石。

性刚耐战是冬虫，误认将军为热色。

［按：严步云谱所述银丝亦不妥，还是以扁白斗丝或纯白、粉白斗丝为要。其实前面所引"金背白"两例，若非金背，亦可为"朱头白"之注脚。再有就是头色稍浅淡，不能称"宝石头白"，称"朱头白"可也。］

实例

红牙白

光绪六年（1880年）　大八厘

头如海棠花色，扁白斗丝，黑面干红钳。四字长头，桃皮项，沙毛丛丛。色尤苍老，生体高厚。淡金翅，鸣声洪大。肉身绒细，六足明净如玉，是谓白蚕正色。惜破口极迟。所遇皆名将，然交口即胜。盖虫能得五色中之正色，毫无间杂混淆，已可决为无敌矣。

朱项白

同治五年（1866年）

大方头，淡红头皮，扁白麻路，浅黑面，老白牙极长大。朱砂项上起黄斑。淡金翅，白肉白脚，生体长方而厚，翅带尖样。笼形极大，声若洪钟，竖翅不落，是浅色中极老之色。霜降至结冬无敌。

（以上两例录自清秦子惠《功虫录》）

［按：两例较为接近，或可称为"金背朱头白"。］

8. 冰浪白

冰浪白

此虫出土黑脸黑头白脑盖，银白扁斗丝隐沉，项上黑白两斑似一丝一丝波浪式，白肉白六足，宜配紫钳、绛香牙。

简颂：

　　　　项起黑白波浪式，冰片一样翅发亮。

　　　　隐沉斗丝冰浪白，汤中称王李元霸。

（录自李嘉春《蟋蟀的养斗技巧》）

此虫不见于他谱，从描述看，黑脸、黑顶门、白脑盖，断色清楚；项上层层波浪，必是项皮超厚；翅如冰片，却是细种好虫，绝不会粗松。从常情考量，白蛩常能阔一草，故此虫笼形超大，皮壳枭老而不失细糯，确系能出大斗之虫。惟黑白相间，属晚斗之虫。

9. 青项白、白尖翅

青项白

白蛩青项者，头必如雪，麻路如银，间有带线者，皆须细而明，翅亦白光明净，而项则如青靛，倘涉花浅，亦未为妙。牙红白俱佳。

白尖翅

白头白项白翅者果是，亦有青项者，更妙。其最上乘者，琥珀头两节项，翅或长或阔，然总以红钳细而长者为第一。

（录自清朱从延《蚟孙鉴》）

以上叙述，"青项白"与"白尖翅"之区别似乎主要在于白尖翅具备尖翅这个特点，或者说白尖翅是青项白的一个特例。

这两个品种出现在《蚟孙鉴·续鉴》中，但不是歌诀，显然是庄乐耕、林田九重刊时补入的。斗丝如银不妥，应当以扁白斗丝或纯白斗丝为正。李大翀《蟋蟀谱》对两虫皆有收录，基本是对《蚟孙鉴》所述文字的歌诀化整合，但表述过于繁复，录于左，以资参照：

青项白

白虫青项头如雪，麻路银丝现顶中。

翅上白光明且净，牙红与白两称雄。

更有额颈能带线，爪须尾腿足尖红。

青靛项无花浅相，任他枭将立奇功。

白尖翅

霜头雪项白砂装，青项堆青力更强。

最上上乘头琥珀，项生两节虎威张。

翅多长阔形容古，牙要朱红细劲长。

肚足肚银兼爪赤，世间第一白尖良。

［按：李大翀谱之歌诀虽详尽，但最大的问题是读过之后难以留下什么印象，盖因其要点不突出，故弃之，不入正选。且有关"白尖翅"中最上乘者琥珀头、两节项之说，乃是品种内部的个案，嵌入品种歌诀似无必要。］

柏良先生《秋战韬略》著录白虫门时未收录青项白，仅收录白尖翅，其歌诀简明扼要，可视为白尖翅歌诀之正选：

> 麻头雪项白砂装，青项堆靛白腿长。
> 翅纹皱密末梢尖，红牙弯尖勇难挡。
> 辨识要点：此虫头如雾罩，项青毛躁，翅成剑形，鸣声宏远，黑脸红牙。

（录自柏良《秋战韬略》）

此歌诀似是将"青项白"与"白尖翅"两者合并而成的，故也大致涵盖了青项白的基本信息，如若其他条件符合，惟不是尖翅，仍不妨以"青项白"名之。

柏良谱首句"麻头雪项"，或可参照李大翀谱改为"霜头雪项"，盖因此虫既强调白尖翅，当以尖翅为特点，至于是不是麻头已无关定名之要旨。即便不是麻头，其他条件符合，也一样可以称为白尖翅。当然，两者战力可能有所不同。如果确系麻头，亦可称为"麻头白尖翅"或"尖翅白麻头"，总之反映出特点来就好。究竟是尖翅来得重要，还是麻头来得重要，见仁见智，未可一概而论。

以柏良先生的经验，白尖翅是当代鲁虫中尚能见到的品种。

实例

白尖翅

同治五年（1866年）　大七厘

大四字头，紫脸，烂斑项，头皮若老草色，满头白麻路，如柏叶样。腰粗尾尖，鸣声棉夹沙，朱朱然竖翅不落。老白牙极浑长，有如枣核钉式。六足明净，肉身细结。初破口遇一名将，合钳即毙之，斗至结栅无敌。

（录自清秦子惠《功虫录》）

［按：此虫若以色论，归为淡黄白无不可；以特点为主来命名，归为白尖翅亦无问题。］

10. 白大头

"白大头"之名不见于古谱之品种著录，但秦子惠《功虫录》曾有实例著录，当系对白虫中大头明显者的俗称。《中华蜑家斗蟋精要》中李金法先生《南贤论将·近代功虫录》曾著录"淡白青"，苏州虫友称为"白大头"，定名准确，亦可作为典型代表。

实例

海棠白大头

同治八年庚午（1869年）出杭州　大八厘

深圆大头，脑盖如海棠花色，扁白斗丝，开光黑脸，尖长老白牙，朱砂项底上盖青毛；腰圆尾尖，肉身纯细而带珠光；六足精莹如玉，绝无斑点；金背白尾，鸣声洪亮，竖翅如篷，身分五色。数十年来此虫色相之佳，无有出其右者，亦如人品貌不凡，五官俱美，可决其出将入相，一生富贵无疑。惟厘码太重，仅斗数栅，行夹极文，交牙即胜。且认色时见其笼形精彩，每至拆去，都不敢斗。汉家旗帜，一见惊人，气概若此，真可谓出类拔萃矣。

（录自清秦子惠《功虫录》）

11. 滑白

滑白

白色带滑，蛩性带热，未可以白而概视以冷也。生相合格，早秋善斗，非藉其滑色而能斗者。

（首见于清朱从延《蟋孙鉴》）

虫带滑则毛尽失也。阳明主肺，肺主皮毛，白蛩多毛盖源于此。而毛尽失则本性已损，必系其栖息地为火气所克，必早衰，其实已无关乎是否冷虫。此条颇具经验价值，故录之。

12. 哑白

哑白

各色俱有哑者，惟哑白性热，更不耐久。故必先青黄而歇，大约与滑白相伯仲耳。

（首见于清朱从延《蟋孙鉴》）

"哑"为黄虫鸣声特点，黄（土）之五行本质为湿，恰与燥相对。其实阳明燥金与太阴湿土本有表里的关系，土性本为湿，却喜燥而恶湿。两者于鸣声上也最为接近，黄应宫音，相当于 1（do）；白为商音，相当于 2（re）。于自然进程来理解，《黄帝内经》将一年分为六气，是为厥阴风木、少阴君火、少阳相火、太阴湿土、阳明燥金、太阳寒水。太阴湿土为长夏，也就是三伏天，是一年中最为湿热的时段，正常的演进则步入阳明燥金。由长夏而入秋是正常的步调，似乎可以理解为黄虫兼有白蛩特征是合乎自然的指向。而由秋向长夏方向靠，则逆，用今天的话说就是"有点逆天了"。蟋蟀鸣声早起沙与晚起沙，性质是不一样的。笔者个人理解，晚秋蟋蟀鸣声起沙，是干导致的，由于干，翅衣产生微妙的收缩，起翅时两翅之间的密合度已不似早秋紧密，故有沙声。而早秋的起沙是湿度过大所致，乃是沉积不够的嫩相。其实不光白虫，其他各色虫，若鸣声起沙过早，亦非佳虫。此条与上条皆属于古人经验谈，颇觉有趣，故录之。

13. 紫白

朱墨色（俗名紫白）

不着青黄朱墨色，此虫千中难遇一。

只要头大并脚长，立奏凯歌真可必。

（首见于清朱从延《蚟孙鉴》）

"紫白"之名出现得远较"白紫"早，但今人多言白紫而不言紫白，实为怪事，盖不读古谱所致。

此虫在《蚟孙鉴》中名列"异种上品"。从虫名理解，当系遍体紫气者，但仍以白虫为底色，斗丝当为扁白斗丝或纯白斗丝。此虫名中虽有一"墨"字，但非黑色，乃是"朱墨"（为朱砂所制）之墨，色或深或浅，是一脉红色或偏红紫色。古人认为"白虫以血色为贵"，此虫可谓到位之虫。常有虫友将此虫误定为白紫，实则恰恰相反，两者区别已在"白紫"部分谈及，不复赘言。

实例

紫白尖翅

道光二十五年（1845年）　七厘

大头阔项，生体方幅，翅尖直包子门，淡紫头皮，细白斗丝透顶，淡青项，两翅作豆腐皮色，而声若洪钟，白脚白肉，通体素色，净白长牙。中秋破口，不知合钳，数遇大敌，每受数百口无还夹，至落汤后，只交口即胜，马前无一合之将矣。最异者，于盆中视之，色极浅淡，一入栅笼，汤光浓重，色若乌金，人不知为淡色，是可贵也。

（录自清秦子惠《功虫录》）

14. 青白（新增）

古谱中未见"青白"之名，但事实上不可能没有青虫与白虫的间色虫，青虫门中有"白青"，白虫门中自然也会有"青白"。其实古时也并非没有青白，只是定色标准不严格，多将其归入青虫门。从严格的意义上分类，虽是青皮虫，色烙或深或浅，只要斗丝是扁白斗丝或纯白斗丝，就可以称为"青白"。配白牙、红牙为上品。

赠其歌曰：

青白出土看似青，斗丝扁白异其情。

待得秋风扫落叶，横刀立马显威名。

实例

稻叶白青

光绪四年（1887年）　九厘

白头青项，扁白斗丝，头圆项厚，腰阔背驼，黑面老白牙，腿脚圆长，肉身干洁，翅色浅碧如苗叶，而壳老声洪。此系大四平相，自头至尾，美满无嫌。早秋肚腹拖出四五鳞，厘码重至二百三十余点，落汤收拍，阔圆高厚，仅称杭码九厘，宜其所向无敌矣。

红牙紫白

光绪十三年（1887年）　五厘

　　头形圆绽，青金头皮，扁白斗路，乌顶黑面，宝石红牙，项深而阔，青底上掺白沙。腰背宽厚，生体如莲子形。翅色浅浅而露金光，鸣声骤急。出土便极苍老，六足与肉身俱白。秋分破口，直至结冬，未逢敌手。按，此虫色相，自是细种，惟具此肉身颜色，欲得头项整齐，生身宽厚，已属难得，加以宝石红牙，周身苍劲，宜其三秋无敌矣。

（以上两列录自清秦子惠《功虫录》）

　　［按：以上两例皆为扁白斗丝，均可视为白虫。"稻叶白青"青白特征较为典型；"红牙紫白"翅色微露金光，但是青金头皮、青项掺白沙，也可视为青白。］

（三）附记

当代虫家李嘉春先生以"五黄、八白、九紫、十三青"立论，白虫门下列正白、八白、乌背白、乌牙白、红牙白、玻璃白、芦花白、冰浪白八种。正统落色三十五种，加间色虫三十五种，再加虫王"紫黄""天蓝青"两种，共得七十二种，以应七十二地煞星之数。李嘉春先生自称此说继承自前辈玩家，亦是由来有自。其实自然界之生物千差万别，蟋蟀之交配也不因色类而变化，断非预设数目可以容纳；预设之数，无非在于人的选择。若五黄、八白，则白虫品种约为黄虫品种之 1.6 倍，这与我们的实际经验大不相同。以今日考量，黄虫远远多于白虫。余初读时甚觉不可理解，后来对历代气候变迁的情形有了大致的了解，才醒悟此说倒可以见出清末与今日气候之不同。彼时少湿而多燥，今日则湿热和热燥较多，而凉燥较少。这是导致清季与今日虫类品种大有不同之本质缘由。从《功虫录》著录的蟋蟀情况看，白虫较红虫多出很多（和今日相较，此比例也明显偏高），这或许和秦子惠相选蟋蟀的个人取向有关，但更多的可能还是彼时气候条件与今日的不同。从 20 世纪 50 年代以后直至今日，气候一路转暖，当代著述中紫虫、红虫类渐多，也都和这一大的气候变迁有关。

李嘉春先生亦是我尊敬的前辈虫家，其定色命名坚守以斗丝色为准之古法，且持律甚严。但有关白虫门诸多品类，从命名上看，即知为"特点命名"。然今日白蛩日渐稀少，再多著录亦已无益。倘虫坛诸公幸而得之，不妨径直取其特点自行命名，不逾矩则无不可。

六 黑虫门

宋谱一方面强调了斗丝色在定色分类中的重要性，而在白虫、黑虫的界定上，却是以皮色、肉色来区分的，在斗丝方面未能提出有效的办法，这是宋谱在定色命名上的支吾之处……

（一）总论

黑虫的界定看上去简单，实则很困难。

蟋蟀谱在流传过程中，最先出现混乱的就是黑虫门，其主要原因是气候变迁带来的古今蟋蟀的差异。

蟋蟀谱的草创期是南宋，而我国历史上在经历了唐代较长的温暖期之后，从宋代开始逐步转入寒冷期，北宋末年气候条件急转直下，骤然转寒。靖康元年（1126 年）冬，金兵围攻东京汴梁，史书中记载北宋守城士兵冻伤无数，好多人冻掉了手指和耳朵。南宋后期至元可能是我国历史上近两千年来最寒冷的一个时期，当然这个时期的寒冷也是全球性的，欧洲同时期也有极寒的记录。

在这种气候条件下，当时的蟋蟀谱著录的很多品类和今日差异很大，尤其是黑虫。

在目前所能见到的古谱中，《重刊订正秋虫谱》大致上可以反映出宋谱的面貌，至少在内容上基本忠实于宋谱。《秋虫谱》中有关黑虫的描述有两处，一是《五色看法重辨》中云"黑则如墨"，今日人们理解黑虫依据的主要是这个说法；再一个容易被忽视的则是《黑者解》所云"此虫肚黑牙红"，虽然是附在"真黑"后面的说明，"肚黑"这个说法我们今天看起来还很是极端，但与"黑则如墨"是一致的。

以我们今日的观感，黑背之虫在鲁南之宁阳比较少见，在鲁北之宁津倒常见，原因在于两地冬季的寒冷度和积温的差异。宁阳与宁津之间纬度上相差两度，黑背之虫数量已有如此差异，可知气候对虫体的影响之大。但是即便如此，肚黑之虫在今日之宁津也极其罕见。到纬度更高的长城以北，或许能见到这种黑肚之虫，但已然超出了最佳产虫带，估计体量太小，未必能斗。而且我们不能忽略一个事实：宋代的蟋蟀谱是经贾似道之手而蒐集完成的，贾似道生活的临安现在属于杭州，葛岭就在杭州郊外。蟋蟀谱虽然汇集了当时其他地区的经验和说法，但终归是在淮河以南的区域所得的经验。盖因南宋与金国乃是以淮河为界，今日蟋蟀主产区之山东，彼时已为金人领地久矣。也就是说，蟋蟀谱最初产生时，杭州甚至比今日的济南还要寒冷。

从这些情况分析，今日要出黑虫，离不开这样几个条件：一个是上年冬天的气温要低至虫卵所能承受的极限温度以及所达天数。另一个，栖息地也需要特殊的小地形地貌。古谱和小说中常提到"黑虎"出在古冢或是背阳之深坑，其实就是不见阳光之处。

宋谱一方面强调了斗丝色在定色分类中的重要性，另一方面在白虫、黑虫的界定上，却是以皮色、肉色来区分的，在斗丝方面未能提出有效的办法，这是宋谱在定色命名上的支吾之处，也给后人带来很大困扰。康熙时金文锦删定之《促织经》，将"乌青""黑黄"都归入黑虫门，致使后代蛩家误以为不管斗丝是白是黄，只要皮色乌黑即可视为黑虫，包括清代后期秋虫大家秦子惠也深受此说影响。

现代蛩家一般认为黑虫的斗丝呈笔杆状，有浑圆感，这是与白虫的扁白斗丝、青虫的游丝斗丝的明显区别。当然，青虫也有配细直斗丝的，但结合肉色、腿斑，还是可以分清楚的。在这个问题上，我个人反而觉得不见斗丝的铁弹子、头陀、乌头陀似乎更能代表黑虫。其实这三种也未必就没有斗丝，只是头皮浓黑而不透光，将斗丝遮掩了而已。不过这也只是我个人揣度，未做解剖学的调查和验证，有兴趣的朋友不妨做来看看。但如果将铁弹子之类视为黑虫典型，则势必将黑麻头排除在外，亦是不妥。好在黑虫品种不多，很是少见，总之以斗丝色白而圆、副斗丝常隐而不易见、头色、皮色浓黑（饱和度极高），腿斑浓重，黑绒肉明显这几个方面来判别。再一个，黑为北方寒水之色，其声羽，相当于音阶中的 6（la），待其成熟，其相对音高是诸色蟋蟀中最清悦、高亢者，与典型的青虫鸣声大异其趣。

对于黑虫之皮色，《蚟孙鉴》有专论，所云极是：

黑不难于取舍，凡所见林林总总，究非真黑，亦如今之所谓"邋遢青"。虽多亦奚以为，必须黑如点漆而有光彩，或不发光，如湿烟煤色，浓厚蒙胧。

（二）黑虫品类

1. 真黑

真黑

真黑生来似锭墨，腿肉斑狸项毛黑。

钳若细长似血红，大战交锋如霹雳。

黑者解：此虫肚黑牙红，自来无敌，得遇此虫真了虫也。

（录自明嘉靖《重刊订正秋虫谱》）

此后的《鼎新图像虫经》、周履靖《促织经》都将"真黑"之名改为"乌青"，但依然采用此歌诀以及《黑者解》的内容，是为后世黑虫混乱之源头。至清康熙晚期，金文锦《四生谱·促织经》基本沿袭此歌诀和解释，将虫命名为"乌青"，这也间接地说明周履靖和金文锦没读过《秋虫谱》。至乾隆时，朱从延之《蚟孙鉴》将名目改回了"真黑"，但对内容做了修改："真黑便当黑似漆，仔细看来无别质。更有肚腿白如银，俱号将军为第一"，基本是采用了《秋虫谱》中对黑青的描述，进一步加剧了混乱。但这个说法与其引用的《黑色总诀》中"肚黑牙红"相抵牾，估计当时肚黑之虫已不易见。此亦与当时气候有关。我国气候已从明末开始的寒冷期走出，在康熙晚期再次转暖，乾隆至道光为清代最为温暖的时期。《蚟孙鉴》的这处改动，以及对"紫黄"的极度推崇，大致上也反映出了这个时期的气候变化。但是将真黑表述为"肚腿白如银"，误导后世将"粉底皂靴"理解为黑虫。实则在早期谱中"粉底皂靴"是形容黑青或者重青。今当将"粉底皂靴"让位于黑青。黑虫在今日的气候条件下看来，虽未必要求"黑肚"，但是背肉黑、黑绒肉、腿斑狸、白斗丝还是必要的条件。有此分野，黑与青则无混淆之虞。

若将黄斗丝也允为黑虫，则"黑黄""暗黄"与黑虫之区别就将难以处理。

实例

红牙重青

道光二十九年己酉（1849年）　大六厘

蝴蝶头，即三角头，两眼高耸，星门突出，生相长方。深青圆项，乌金头皮，细白斗丝，项毛浓厚，眼大逾恒，面长而黑，马门尖小。紫红钳如苏木色，细而尖长。腰背浑厚，乌金翅带尖样，鸣声丁丁然。细黑绒肉，六足不长而粗壮。两须一作竹节式，至深汤节节花白，与桑牛无二。斗不行夹，是真异虫。

（录自清秦子惠《功虫录》）

［按：此虫乌金头皮、乌金翅、细黑绒肉，当为黑虫，而非重青。］

真青

光绪二十一年（1895年）　山东乐陵

此虫青头白络，青项，遍体真青。玉柱大蠹牙，光华灼灼。头魁圆大，身体高厚，腿健圆长。是岁诸虫莫不授首，力挫东菊，咬遍北城名虫：金蓑衣、清字真火牙。在场诸人，无不啧啧惧其神勇，口快如电，所向无敌，勇冠三秋，真异虫也。……

…………

恩子芳又评一则：

余友恩溥臣，性癖蟋蟀……比年来所得名虫甚夥，然皆互有输赢，未得始终为冠者。惟光绪二十一年秋八月初九日，于隆福寺赵三山东蟋蟀内，购得真青一头。其虫体厚钳红，腿长肉黑，麻络直长，头项相称，牙大异常，光明可爱，故知其不可轻视，然亦未深信。初排时，将敌虫两牙咬折，于是按期赌斗。所遇名虫，皆受一二口而惊窜败北矣。适北城有东菊，蓄金蓑衣者，名噪一时，为诸虫之冠。乃与真青放对。下盆时，在场诸人意必有一场恶战，诚如中原逐鹿，不知鹿死谁手。孰知金襄衣两牙方递，即被真青咬住。金襄衣连受五口而曳兵走矣。在场诸人，愈谓真青此真虫王中之王也。

（录自近代恩溥臣《斗蟋随笔》）

［按：此虫恩溥臣命名"真青"，但从恩子芳的评述看，腿长肉黑，当属黑虫类。另外从五运六气考量，光绪二十一年为乙未年，是年金运不及，太阴湿土司天，太阳寒水在泉，常有上半年火侮、下半年水复之情形，故而黑虫从运气上也占优。］

2. 黑麻头

黑麻头

黑麻头路透银丝，项阔毛燥肉漆之。

更若翅乌牙赤紫，早秋胜到雪飞时。

（录自明嘉靖《重刊订正秋虫谱》）

还是那个问题，"肉漆之"之虫，在明万历这个温暖期基本不太可能见到，故而产生于万历时期的《鼎新图像虫经》对歌诀进行了改造："乌麻头路透银丝，项阔毛臊肉带梨。更若翅乌牙钳赤，得遇此虫真是奇"，将肉色改为"肉带梨"。但此后的周履靖本《促织经》又改回了"肉带黑"。这一白一黑，恰为明代后期气候变化的写照。周履靖死于崇祯十三年，即公元1640年。四年后，清军入关。周履靖晚年正经历着又一次的变寒期。不过"肉带黑"与"肉漆之"有明显的不同，但是此改动较为客观合理。康熙时金文锦《四生谱·促织经》又改为"肉色淄"，"淄"还是黑的意思。

到乾隆时期，《蚟孙鉴》则增为金丝、银丝两种情况：

乌麻头路透金丝，项阔毛臊肉带鬃。

若还乌翅牙钳赤，得遇之时真是奇。

黑麻路要银丝白，项要隆兮牙似雪。

敲开宝色有光芒，这个将军没得说。

将黑虫斗丝色指为黄、白两种，始自此谱。秦子惠受《蟋孙鉴》影响很深，故而从其说，认为黑虫斗丝可黄可白。其实第一首歌诀所述，似可视为"老黑黄"；第二种语焉不详，还真是没法说。

严步云谱则有较大不同：

此虫出土，头如黑珠，银丝贯顶，金抹额，黑脸银牙，翅金棕色，寒露后生白雾，翅变如白银。霜降后，自头至尾，变如黑漆。但足肉皆白亦异品也。牙以紫钳绛香为上，白牙为次，红牙又其次也。

歌曰：

乌麻出土翅如棕，非黑非青色不同。

霜降来时似黑漆，这般奇迹实难逢。

［按：后世谱诸多演变，皆不及《秋虫谱》简明扼要。］

3. 乌头金翅

乌头金翅

乌头青项翅如金，腿脚斑狸肉带苍。

牙齿更生乌紫色，饶他名将也难当。

（录自明嘉靖《重刊订正秋虫谱》）

《鼎新图像虫经》、周履靖《促织经》皆从之，基本无改动。至明末，蟋蟀谱中的黑虫门也仅涉及上述三种。后世谱对此虫之描述也基本无改动，认同此说。如果以间色原则命名，或可称"黄黑"。

从中医理论体系理解，太阴湿土（黄）与太阳寒水（黑），一为至阴，一为至阳，于天地六气中，两者互为司天在泉关系，故此配置乃为佳配。

4. 乌头银翅

乌头银翅

首似乌金翅似银，霜牙青项腿如晶。

用心收养休轻觑，若使交锋便见赢。

（首见于清乾隆本《蟋孙鉴》）

此歌诀所述"腿如晶"似有不妥。黑虫之腿指为"斑狸"较为妥当。另外，如系白腿，则与同谱中著录的异虫"玉锄头"除牙色外几乎一样："黑牙黑面不堪收，此种诸人懒去求。雪样翅儿加白腿，胜时齐道玉锄头。"

乌头银翅在古谱中著录较少，严步云谱亦不录。此虫我有幸见过，20世纪90年代初捕自济南东北郊历城招待所后院之排水沟中，惟分量较小，不足五厘，头、面、项皆浓黑而无光，白斗丝如刻画般嵌入脑盖，白牙，黑背，黑绒肉，腿斑狸而蒙薄黑雾，翅色如白色毛头纸，亚光起皱，鸣叫无声，黑尾生白毛。因其生相奇异而未忍遗弃，但因为没有如此小虫合秤配对，故一直未斗。寒露后，因要出差，再不斗则无缘见识其斗口，遂随便合对而斗。所斗之虫皆在六厘半以上，不料小虫竟一步不退，全系上风口，连赢数条。按济南以前的说法，此虫属于"下嘴"，贴地张牙，牙虽不甚大，却将大虫打得狼狈不堪，甚是奇异。

5. 铁弹子

铁弹子

镔铁熔成弹子形，满头漆黑没分星。

牙钳牙肉生来白，共骇将军目未经。

（首见于清康熙金文锦《促织经》）

金文锦谱将其归在异虫类。但此虫于色相考量，当系黑虫类，至于无星、无线之说，或为头皮超厚并砂绒浓厚所致。蟋蟀之星门按现代昆虫学之认识，当为蟋蟀单眼，倘若不生，则为结构性变化，从解剖学上理解是不大可能的。

铁弹子在此后虫谱中都有著录。《蚟孙鉴·见闻纪异录》中有提及"黑有铁弹子、灶灰黑、水墨黑"，但未著录形貌。可想而知亦是以物状色。

李大翀《蟋蟀谱》描述则比较复杂：

相貌迥然异促织，额无线路如青铁。

须根视若赤金圈，牙钳肉色白似雪。

两腿短壮弹子形，黑青颜色金光凸。

敌尽三秋五色虫，将军之名推首列。

李大翀谱添加了一个特征"须根视若赤金圈"，并指为白肉、白肚。须根赤金圈可以有，但白肉、白肚不可以有，仍当以黑绒肉、斑狸腿为要，不然担不起"铁弹子"之名。

晚清客居济南的仪征人曹家骏著《秋虫志异》，其中所录歌诀较为简明并附实例：

周身墨黑腿斑长，弓腰翅上暗金藏。

无星无线形奇异，白小牙钳最称强。

前清光绪年间购自甸柳庄，形如枣核，牙复窄短，周身黑暗无光，意颇轻之，及合对，二十余次不见着力即胜，识者谓铁弹子云。

[按：柏良先生特别提示："铁弹子，宁阳地区特别是在宁阳、汶上交界处，时有此虫，但蜡腿者，或称为'油葫芦腿'者，多不善斗。"此经验出自多年实战，当予重视。]

6. 头陀

头陀

此虫头如隐漆，并无斗丝，只有横闩一线，身宽背厚，项阔牙长。其虫王也。若微有斗线，虽不大显，亦非王矣。若连额上横闩亦无，则为乌头陀，是弃物也，养者慎之。

歌曰：

头顶无线一片光，额中横线定行藏。

无论青黄与亦白，也是人间促织王。

（录自民国严步云《蟋蟀谱》）

严步云谱于黑虫门仅录"真黑""黑麻头"两种，另于异虫类收录"头陀"。但"若连额上横闩亦无，则为乌头陀，是弃物"之说，似与铁弹子矛盾——铁弹子无星无线，岂为弃物欤？

（三）附记

　　黑虫门有"乌头金翅""乌头银翅"，相当于"黄黑""白黑"，想来也会有"乌头紫翅"（相当于"紫黑"）。抑或有的虫皮色不是浓黑而为他色，但黑肉黑背，浑圆银斗丝，也当归入黑虫门，不妨以所间之色随机定名。

（一）总论

异虫在蟋蟀中是一大类，且因早秋即能有较好战绩而备受重视。古谱中对异虫未予以细分，多混而论之。当代蛩家柏良先生将异虫分为"异形""异相""异色"三类，始有较合理的分类。

异形、异相虽也牵涉色类等问题，但仍可依色类命名法分类，各安其位即可无虞。至于其形、相之异，则与本谱定色命名之主旨无涉，故本谱不再收录。

惟"异色"与色类有一定关联，但超出了以斗丝分类命名的范畴。异色以三色类居多，其实以斗丝色分类亦可，但古人大约是考虑到此类蟋蟀色系较为复杂，而古谱重视正色，对于此类只能以另类视之。古谱中多数三色相间者以三段命名。其实明谱及清代早期谱将"紫黄"指为"项似金"，与翅色一致，仍是两色；清代后期谱发展出的"紫黄"——樱珠头、蓝项、黄金翅，仅此三大项，已是三色。所以我一直认为，如果"紫黄"身披五色，实有色系过杂之嫌，倘不以黄为底，恐为花虫矣。三色类色系较杂，首先必须断色清楚，绝不含混，以色清为要。虽说三段类前秋、中秋常有能出斗者，但及至后秋，多不占上风，盖因其色系过多，而失了锐度。前秋、中秋在常年下，属

七 异色类

古谱中对异虫未予以细分，多混而论之。当代蛩家柏良先生将异虫分为「异形」「异相」「异色」三类，始有较合理的分类。

定色 分类

天地气息交叉过渡时期，三段类因身占三色而体现出适应面的宽度，故常有得气之时；至后秋气息单一，则不及纯色虫得气之锐。只有少数年景下，气候不稳定，三段类亦可得大斗之功。故而一般认为三段类品级不如正色之虫。当然如果以值年将军为出发点，仍以斗丝色烙为主进行分类考量，亦无不可，只是应属于大间色之类。许多虫友比较喜欢听到斩钉截铁的结论，比如直接指明哪种虫属于何等级。但我想说的是，如果不理解气候对生物的影响，不加先决条件就下这类断语，大多流于空泛，难以落到实处；抑或品级之说今年灵，明年不灵，总无恒常之数。而出现问题之时，则于出斗早晚、提扣有误等处找原因，误入歧途，既不利于提高识虫能力，亦掩盖了问题，难以看清实质，乃至影响到辨虫、识虫的信心。三段类也一样，不存在哪种三段绝对好、哪种不好，除了生相优劣外，色类与当年气候特点的相应、相逆，都应纳入能否成将的考虑因素中来。

因古谱较早著录了此类，今仍尊重古谱体系，单列一类以作参照。

（二）异色品类

1. 青黄二色

青黄二色

青头白线桃皮项，金翅银腿肉微苍。

红牙声壳身高厚，憔老方称是霸王。

（录自明嘉靖《重刊订正秋虫谱》）

首先要说明，"青黄二色"不是青黄。从描述看，此虫青头、白线、银腿、肉苍，这些都是青虫特征，桃皮项、金翅、声壳为黄虫特征，似乎青黄各半，故以"青黄二色"命名。但是斗丝白、肉苍表明此虫以青虫为底，间有黄虫特点，仍当列青虫门。如若追求命名的一致性，或可称为"金背青"或"金翅青"。

但万历本《鼎新图像虫经》有另外的表述：

青黄二色翅项明，此等生来何处寻。

初秋斗到深秋后，百度交锋百度赢。

应当说《鼎新图像虫经》这首歌诀品质实在是差，信息量很小，只有第一句有用，实不及《秋虫谱》来得实在。两相对比，高下立判。

稍晚的周履靖《促织经》之"青黄二色"名下有歌诀两首，一首沿袭了鼎新谱这首较差的歌诀，然后复增一首：

黄头青项销金翅，二色俱全便为最。

若还三件一起生，斗到深秋绝无对。

此歌诀所述乃是黄头、黄翅、青项，青其实很少，如果是黄斗丝，不如称为"青项黄"。

《鼎新图像虫经》、周履靖《促织经》在定色命名方面都错讹频出，这和他们放弃了《秋虫谱》关于定色命名的基本论述有关，因而缺乏一以贯之的原则。

周履靖一生抄录改编各类博物学、医学、杂学等谱录百余种，蟋蟀谱仅是其一，并非没有品位之人。但《秋虫谱》与《鼎新图像虫经》在"青黄二色"问题上，高下显而易见，周履靖何以习劣弃优？由此推之，周履靖就没见过《秋虫谱》，其所见不过是《鼎新图像虫经》以及另外一个较杂乱的谱。

"青黄二色"之虫在今日并不少见，但其名在今日虫坛已基本不太使用。仍然著录于此的原因，一是古谱曾多次著录，录之备查；二是借此提醒虫友，没必要对古谱视若金科玉律。细读古谱就会发现，古谱前后不一致的地方很多，常有建立在个案基础上的认识，不免以偏概全，今人实不能不经过思索和考证，以作为今日认知的出发点。

2. 真三段

真三段

紫头青项有毛长，金翅生来肉带苍。

两腿圆长斑白色，一对红牙不可当。

（录自明嘉靖《重刊订正秋虫谱》）

三段类系常见品类，感杂气而生，或栖息地气息复杂所致。但仔细分析，此虫与紫黄颇为类似，惟头色不似"樱珠头"那么鲜艳而已，倘为黄斗丝，则可归入"暗紫黄"或"紫头黄"，只是加入了青项这个杂色。如果是白斗丝，此虫不免色类过杂，不是斗后秋的虫。若为红斗丝，或可称"金背紫"，似可一斗。

3. 草三段

草三段

其一

麻头青项白毛丁，金翅皱皱肉带青。

腿脚斑黄牙似炭，当场健斗众皆惊。

其二

满头白粉紫葡萄，并无纹理项青毛。

更兼淡薄轻银翅，三段之名亦似高。

（录自明万历周履靖《促织经》）

　　此谱所录歌诀一，已见于《鼎新图像虫经》。在《鼎新图像虫经》中，"真三段"之后紧接着就是"草三段"，恰为《秋虫谱》缺页之处，是否亦为《秋虫谱》所载，不详。

　　金文锦《四生谱·促织经》仅录歌诀一，歌诀二不录，并沿用其名"草三段"。《蟋孙鉴》将歌诀一易名为"草三色"，李大翀《蟋蟀谱》沿用之。《蟋孙鉴》又将歌诀二称为"草三段"。

　　此虫"满头白粉紫葡萄"好理解，第二句"并无纹理项青毛"有歧义。"并无纹理"是指头上无纹理，还是项上无纹理？如果是项上无纹理，好理解，是指整皮一色之青毛项，并无蟹眼分星。如果是指头上无纹理，那么就与"铁弹子"的生相特点有些类似。但斗丝也可能属于极隐沉的紫斗丝，是由于与头色色差较小，且满头白粉，因而不易见。倘如是，则应归紫虫门，以色类命名或可称"银背紫"。

4. 三段锦

三段锦

麻头青项翅销金，白牙白腿腹如银。

百战百赢无敌手，蜀中三段锦为珍。

（录自清朱从延《蚟孙鉴》）

此歌诀粗看亦似有疏漏，未言及头色，但其末句所云"蜀中三段锦为珍"，透露出了作者的意趣。曾有虫坛前辈认为此句是指该虫产地为四川，但笔者认为既然以"三段锦"命名，还是指虫色。蜀锦指的是四川织锦，蜀地是中国最早养蚕的地区，古"蚕丛"国即在此处，以最早养蚕而著称，李白《蜀道难》有"蚕丛及鱼凫，开国何茫然，尔来四万八千岁，不与秦塞通人烟"之句，即言蜀地之历史。蜀锦有艳色，虽说也有各种颜色，但在明清语境中多用来借指花名，川红、蜀客、蜀锦、醉美人等皆指海棠花。"三段锦"歌诀，指明了"青项翅销金"，尚少关键的头色，而从总体命名上看，应为艳色，末句则表明头色应为海棠色，即秦子惠《功虫录》表述白青时常提及的"海棠头皮"。从白腿、腹如银考量，此虫不似黄虫、紫虫，故斗丝为白斗丝、扁白斗丝的可能性较大，属青虫门或白虫门。江南蛩家受秦子惠影响，惯称这类虫为"白青""老白青"。但以今日之讨论，"白青"之名应当还给白虫与青虫的间色虫。头色如斯，不妨另以"红头白青"或"金背红头白"名之。此虫倘若为黄斗丝，则与淡紫黄接近。

实例

金背白青

光绪十一年（1885年）出临安　六厘

珊瑚头色，细白斗丝，蓝项金背，紫脸白牙，六足纯白，周身绝无草光，是为最上细种。惟相貌平等，出土时似嫌扁薄，养至落汤，腰背俱足，一经收拍，居然可观，虽无惊人之概，而栅中一道金光，迥殊一切，其翅薄皱，鸣声如锣，是真贵相。此色最迟，深汤愈健，勿以其金背而早斗也。行口轻快，并不多咬，惟破口太晚，斗仅四五栅耳。

[按：此虫为蓝项，与青项略有差异，但红头、蓝项、金背，三段已成矣。秦子惠受《蛅孙鉴》影响很深，《蛅孙鉴》有"白青色艳宛如花"之说，故而秦子惠将此虫定为"金背白青"。且《蛅孙鉴》著录之三段锦言辞相对晦涩，秦子惠或有不解之处。再则，三段锦终归是大间色，在秦子惠眼中可能不及白青级别高，故而不用"三段锦"之名。由于三段锦不言斗丝色类，故而《功虫录》有多条大致符合三段锦的实例，比如同治六年之"金背长衬衣"，斗丝扁白，当归白虫门，但单以皮色论，亦与三段锦无大异，惟肉身青黑而菲白。光绪元年之"金背白"，秦子惠自称与"金背长衬衣"之头色斗丝、周身颜色俱极相似。]

海棠白大头

同治八年（1869年） 杭州

深圆大头，脑盖如海棠花色，扁白斗丝，开光黑脸，尖长老白牙，朱砂项底上盖青毛；腰圆尾尖，肉身纯细而带珠光；六足精莹如玉，绝无斑点；金背白尾，鸣声洪亮，竖翅如篷，身分五色。数十年来此虫色相之佳，无有出其右者，亦如人品貌不凡，五官俱美，可决其出将入相，一生富贵无疑。惟厘码太重，仅斗数栅，行夹极文，交牙即胜。且认色时见其笔形精彩，每至拆去，都不敢斗。汉家旗帜，一见惊人，气概若此，真可谓出类拔萃矣。

[按：从此虫之描述看，恰为三段锦。可知，三段锦这类虫其实并不少见。若不将其视为三段类，而以斗丝色来划分，皆可划入某色类。从蟋蟀谱

立谱的大原则来说，一个好的谱系，不当有跨类品种存在，不然就会出现分类的含混和混乱。严步云谱对三段类皆不录，即是此道理。以尊重传统计，三段类可以视为以特点命名，而不以色类分类来理解。但若要考量出将年景、当年出斗级别，仍当以斗丝色为标准来归类，然后考虑所间之色。］

（以上两例录自清秦子惠《功虫录》）

5. 小三色

小三色

紫头青项翅油黄，四脚如丝两腿长。

更兼一副焦牙齿，中秋饶大也无妨。

（录自清乾隆本《蛩孙鉴》）

［按：以柏良先生的理解，"焦牙齿"当是指重色牙，重点是无光泽。］

此虫似乎与真三段差异不大。惟翅色"油黄"而非金翅，偏于有色无光，当是能斗之蛩。黄斗丝者可能较多见。

（三）附记

有关间色虫、三段类蟋蟀之优劣，以及如何理解三段类蟋蟀优劣之思路，我在《解读蟋蟀》（上海科学技术出版社，2015年版）的《间色虫》一章中曾有过较详尽的讨论，有兴趣的朋友可以查阅，此处不再赘述。

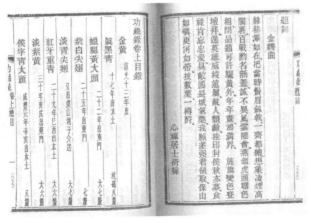

（清）秦子惠撰《功虫录》书影

索引

延伸阅读

［1］肖舟：《蟋蟀秘经》，沈阳出版社，1989

［2］李嘉春编著：《蟋蟀的养斗技巧》，上海科学技术出版社，1990

［3］火光汉：《蟋蟀的选养与斗法》，山东科学技术出版社，1994

［4］柏良：《秋战韬略——鲁虫的相选·调养·训斗》，南海出版公司，1997

［5］柏良：《山东蟋蟀谱》，上海科学技术出版社，2002

［6］柏良主编：《中华蛩家斗蟋精要》，上海科学技术出版社，2009

［7］王世襄纂辑：《蟋蟀谱集成》，生活·读书·新知三联书店，2013

［8］白峰：《蟋蟀古谱评注》，上海科学技术出版社，2013

［9］白峰：《解读蟋蟀》，上海科学技术出版社，2015

［10］白峰：《斗蟋小史》，广西师范大学出版社，2017